住房和城乡建设部"十四五"规划教材
全国住房和城乡建设职业教育
教学指导委员会建筑与规划类
专业指导委员会规划推荐教材
高等职业教育建筑与规划类
"十四五"数字化新形态教材

建筑室内电脑效果图

主　编　　　　杜　彦

主　审　　　　孙耀龙

中国建筑工业出版社

出版说明

党和国家高度重视教材建设。2016年，中办国办印发了《关于加强和改进新形势下大中小学教材建设的意见》，提出要健全国家教材制度。2019年12月，教育部牵头制定了《普通高等学校教材管理办法》和《职业院校教材管理办法》，旨在全面加强党的领导，切实提高教材建设的科学化水平，打造精品教材。住房和城乡建设部历来重视土建类学科专业教材建设，从"九五"开始组织部级规划教材立项工作，经过近30年的不断建设，规划教材提升了住房和城乡建设行业教材质量和认可度，出版了一系列精品教材，有效促进了行业部门引导专业教育，推动了行业高质量发展。

为进一步加强高等教育、职业教育住房和城乡建设领域学科专业教材建设工作，提高住房和城乡建设行业人才培养质量，2020年12月，住房和城乡建设部办公厅印发《关于申报高等教育职业教育住房和城乡建设领域学科专业"十四五"规划教材的通知》（建办人函〔2020〕656号），开展了住房和城乡建设部"十四五"规划教材选题的申报工作。经过专家评审和部人事司审核，512项选题列入住房和城乡建设领域学科专业"十四五"规划教材（简称规划教材）。2021年9月，住房和城乡建设部印发了《高等教育职业教育住房和城乡建设领域学科专业"十四五"规划教材选题的通知》（建人函〔2021〕36号）。为做好"十四五"规划教材的编写、审核、出版等工作，《通知》要求：（1）规划教材的编著者应依据《住房和城乡建设领域学科专业"十四五"规划教材申请书》（简称《申请书》）中的立项目标、申报依据、工作安排及进度，按时编写出高质量的教材；（2）规划教材编著者所在单位应履行《申请书》中的学校保证计划实施的主要条件，支持编著者按计划完成书稿编写工作；（3）高等学校土建类专业课程教材与教学资源专家委员会、全国住房和城乡建设职业教育教学指导委员会、住房和城乡建设部中等职业教育专业指导委员会应做好规划教材的指导、协调和审稿等工作，保证编写质量；（4）规划教材出版单位应积极配合，做好编辑、出版、发行等工作；（5）规划教材封面和书脊应标注"住房和城乡建设部'十四五'规划教材"字样和统一标识；（6）规划教材应在"十四五"期间完成出版，逾期不能完成的，不再作为《住房和城乡建设领域学科专业"十四五"规划教材》。

住房和城乡建设领域学科专业"十四五"规划教材的特点，一是重点以修订教育部、住房和城乡建设部"十二五""十三五"规划教材为主；二是严格按照专业标准规范要求编写，体现新发展理念；三是系列教材具有明显特点，满足不同层次和类型的学校专业教学要求；四是配备了数字资源，适应现代化教学的要求。规划教材的出版凝聚了作者、主审及编辑的心血，得到了有关院校、出版单位的大力支持，教材建设管理过程有严格保障。希望广大院校及各专业师生在选用、使用过程中，对规划教材的编写、出版质量进行反馈，以促进规划教材建设质量不断提高。

住房和城乡建设部"十四五"规划教材办公室

2021年11月

前　言

3ds Max 是集造型、渲染和制作动画于一身的三维制作软件，广泛应用于建筑室内设计、建筑设计、工业设计、广告、影视、游戏、辅助教学以及工程可视化等领域，深受广大三维动画制作爱好者喜爱。VRay 是一款高质量渲染软件，能够为不同领域的优秀 3D 建模软件提供高质量的图片和动画渲染，是目前业界常用的渲染引擎。在建筑室内设计领域中，各种效果图制作是非常重要的内容，如室内装饰效果图、景观效果图、楼盘效果图等，3ds Max 和 VRay 结合使用，可以制作出不同类型和风格的效果图，不仅有较高的欣赏价值，对实际工程的施工也有一定的直接指导性作用，因此被广泛应用于建筑室内效果图、工程招标或者施工指导、宣传等。

本书内容编写特点：

1. 完全从零开始

本书以初级入门者为主要对象，通过对基础知识细致入微的介绍，辅助以对比图示效果，结合中小实例，对常用工具、命令、参数等作了详细的介绍，同时给出了技巧提示，确保读者轻松快速入门。

2. 内容极为详细

本书内容涵盖了 3ds Max 大量工具、命令常用的相关功能，以及 VRay 常用渲染参数的设置，可以说是入门者的指导用书、有基础者的参考手册。

3. 案例丰富精美

本书的实例极为丰富，致力于边练边学，这也是大家最喜欢的学习方式。另外，案例力求在建筑室内设计专业实用的基础上精美、漂亮，一方面可以提升读者朋友的美感，另一方面让读者在学习中享受美的世界。

4. 注重学习规律

本书在讲解过程中采用了"知识点 + 理论实践 + 实例练习 + 技术拓展 + 技巧提示"的模式，符合轻松易学的学习规律。

本书特色：

1. 中小实例循序渐进，边用边学更有兴趣

中小实例极为丰富，通过实例讲解，让学习更有兴趣，而且读者还可以多动手、多练习，只有如此才能深入理解、灵活应用！

配套资源极为丰富，素材效果一应俱全，包含书中实例的素材和源文件，便于读者查询。

2. 会用软件远远不够，熟练制作实践作品才是学习最终目标

仅学会软件使用远不能适应专业需要，本书在每章节给出不同的空间案例，以便积累实战经验，为工作就业搭桥。

3. 专业作者心血之作，经验技巧尽在其中

参加本教材编写的主要成员都是从事建筑室内设计的一线教师，有着较深厚的室内设计基础知识和丰富的实践工程经验，长期在建筑装饰、室内设计企业兼职承接实践工程设计项目。书中引用的一些单体及空间案例即是编者们自己承接的项目，使教材的实践性特色更鲜明，操作上更贴近建筑室内设计市场。使用本教材能够使室内设计专业的学生理解和掌握室内设计实践的操作流程，较快地拥有动手制作效果图的能力。

教材由内蒙古建筑职业技术学院杜彦主编，并邀请建筑室内设计公司设计师，组成专业理论知识与实践经验丰富的编写团队。余佳洁编写教材的第 1~3 章，王宏仪、杜彦编写教材的第 4 章、第 6 章、第 7 章，张春梅编写第 5 章、第 8 章。另外，呼伦贝尔市清本装饰设计有限公司李文斌也参与了部分编写工作。在编写的过程中，得到上海城建职业学院孙耀龙副教授的悉心指导与大力支持，在此向他表示衷心的感谢。

期待读者对本教材提出宝贵意见和建议，使之更加完善，谢谢。

编者

目　录

1

第1章
建筑室内电脑效果图
概念介绍

学习目标：

了解电脑效果图制作的相关概念及其在室内设计领域的重要性。

学习要点：

1. 了解电脑效果图的相关知识。

2. 了解电脑效果图制作的基本流程。

3. 了解电脑效果图制作所使用的相关软件。

1.1 电脑效果图相关知识

在室内装饰工程中，效果图可以将装饰的实际效果提前展现在客户面前，对于大多数人来说，效果图是比施工图更加直观的表达方式，所以越来越受到家装行业的重视。

3ds Max，是三维动画制作软件，是当今世界上流行的三维建模软件。它具有功能强大、扩展性好；操作易上手；与其他相关软件配合流畅；出图效果逼真的特点。随着该软件的不断升级换代，其功能日趋完善和强大，被广泛应用于室内效果图、建筑效果图、工业产品设计、影视广告制作等行业。

1.2 电脑效果图制作流程

场景建模：根据 CAD 图纸，对该场景中的客厅、餐厅、卧室、书房、门窗、天花等空间进行建模。

材质贴图：每个模型表面都附有材质，比如：金属、石材、皮革、布艺、玻璃等。通过对材质相关参数进行设置，体现材质的反射度、光泽度、透明度、凹凸度等属性。

灯光：是室内效果图中很重要的组成部分，包括场景中的台灯、壁灯、吊灯、灯带、落地灯等。模拟真实的空间环境以及光和影。

创建摄影机：摄影机的高度、角度、视野大小的不同，能呈现出不同角度的成品效果图。

渲染：当完成所有模型的建立和摆放，灯光的布置和调试，材质的赋予和调节，摄影机设置完成后进行的低效果小图的渲染称为测试渲染，目的是检查整个空间的错误：灯光、材质、摄影机角度是否到位，这个过程是对测试渲染结果进行调节。调节完成再进行测试渲染，反复多次测试渲染和整体调试。满意后再进行渲染出图。

后期制作：主要采用 Photoshop 进行调色，调整材质表面质感、光和影的投射等。

1.3 电脑效果图使用的软件

3ds Max 2017：　　Vray 3.6 for 3ds Max 2017：

Photoshop CC 2017： 　　　LUMION 8.0：

本章小结

　　本章主要通过对电脑效果图的相关知识、制作基本流程及所使用的相关软件的讲述，了解电脑效果图是室内专业表现最直观的方式，是设计师表达思维创意的平台，也是间接决定一个案例是否成功的重要因素；对客户而言，它比专业的施工图更直观、更易理解，是建筑室内设计专业有效的沟通手段。

2

第 2 章
3ds Max 基本操作

学习目标：

掌握制作室内电脑效果图所必备的 3ds Max
软件基础操作。

学习要点：

1. 熟悉 3ds Max 的界面和视窗操作。

2. 熟悉 3ds Max 对象的管理操作。

3. 掌握 3ds Max 的各种变换命令。

二维码 2-1
3ds Max 的视图认识

2.1　3ds Max 2017 软件界面

　　3ds Max 2017 的工作界面（图 2-1）分为标题栏、菜单栏、主工具栏、视口区域、命令面板、时间轴、状态栏、时间控制按钮和视图导航控制按钮九部分。

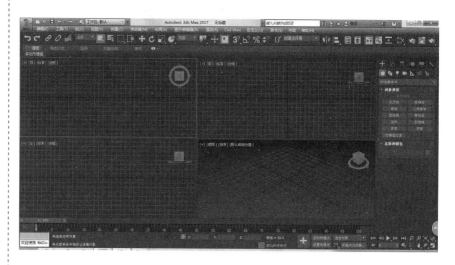

图 2-1　工作界面

2.1.1　标题栏

　　位于界面的顶部，从左至右依次包含软件图标、快速访问工具栏、软件版本信息、当前编辑的文件名称和信息中心，见图 2-2。

图 2-2　标题栏

2.1.2　菜单栏

　　位于工作界面的顶部，从左至右依次包含编辑、工具、组、视图、创建、修改器、动画、图形编辑器、渲染、Civil View、自定义、脚本、内容、帮助 14 个菜单，见图 2-3。

图 2-3　菜单栏

2.1.3　主工具栏

　　主工具栏集合了一些最常用的编辑工具，是操作中运用频率较高的一块区域。主要包含撤销工具、选择类工具、移动、旋转、缩放、捕捉类工具、镜像、对齐、层管理器、曲线编辑器、图解说明、材质编辑器、渲染设置等（图 2-4）。

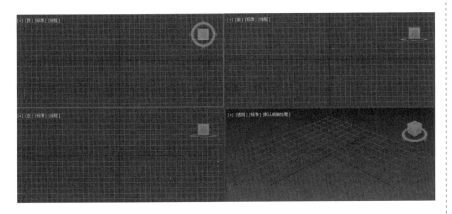

图 2-4　主工具栏

除此之外，3ds Max 2017 还兼有部分浮动工具，默认的状态下不打开和显示，如要调动此命令，当执行"自定义"→"显示"→"UI"→"显示浮动工具栏"命令即可显示出来。

2.1.4　视口区域

视口区域是软件界面中最大的一个区域，也是在操作软件中用于实际工作的区域，软件默认状态下为四视图显示，包括顶视图（T）、左视图（L）、前视图（F）、透视图（P）4 个视图。方便在操作过程中从不同的角度对场景中的对象进行观察和编辑（图 2-5）。

图 2-5　视口区域

视图相互间可以切换，切换的方式有两种：一种为视图左上方单击鼠标选择，另一种为运用快捷命令快速切换。

2.1.5　命令面板

命令面板是 3ds Max 中非常重要的一项，所有场景对象的操作都可以在命令面板中完成（图 2-6）。命令面板主要由 6 个部分组成，从左至右依次为：➕创建面板、▣修改面板、▣层次面板、⬤运动面板、▣显示面板、⬛实用程序面板。

图 2-6　命令面板

2.1.6　时间轴

时间轴位于视口区域的下方，包括时间线滑块和轨迹栏两大部分（图 2-7）。这个区域应用于建筑动画，时间线主要用于定帧，默认帧数为 100 帧，具体的帧数可以根据制作的动画长度来制订。拖拽时间线的滑块可以演示编辑物体对象的运动状态。时间线的下方为轨迹栏，主要用于显示帧数和选定对象的关键点，在这可以对帧数进行移动、复制、删除、改变属性等。

图2-7　时间轴

2.1.7　状态栏

状态栏位于轨迹栏的下方，它提供了选定对象的数目、类型、变换值和栅格数目等信息，并且状态栏可以基于当前鼠标指针的位置和活动程序来提供动态反馈信息（图2-8）。

图2-8　状态栏

2.1.8　时间控制按钮

时间控制按钮位于状态栏的右侧（图2-9），主要用来控制动画的播放效果，包括关键点控制和时间控制等。

2.1.9　视图导航控制按钮

视图导航控制按钮位于状态栏的最右侧（图2-10），主要用来缩放、平移和旋转视图，但我们一般在操作中用快捷键代替。

图2-9　时间控制按钮

2.2　3ds Max 文件基本操作

2.2.1　打开场景文件

3ds Max 2017 能打开的文件格式分别是 Max、drf、chr，见图2-11。

图2-10　视图导航控制按钮

2.2.2　保存场景

3ds Max 2017 可保存的格式有 5 种，兼容了低版本的一些特性。可将其保存为 3ds Max、3ds Max 2014、3ds Max 2015、3ds Max 2016、3ds Max 角色 5 种格式（图2-12、图2-13）。

2.2.3　导入场景文件

选择"导入"命令可将 CAD 等文件导入场景中进行编辑（图2-14）。

2.2.4　合并场景文件

在效果图的制作中，为了大幅度提高作图的效率，可利用合并的方式将已有的模型导入到场景中（图2-15）。

图2-11　"打开"命令

2.2.5　文件归档

3ds Max 文件的归档可以解决贴图丢失的问题，归档后的文件在不同的计算机中均可找到贴图，以便调用（图 2-16）。

图 2-12　"保存"命令（左）
图 2-13　"保存"格式（中）
图 2-14　"导入"命令（右）

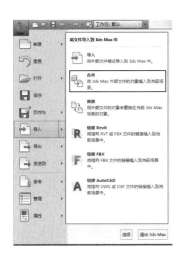

图 2-15　"合并"命令（左）
图 2-16　"归档"命令（右）

2.3　3ds Max 2017 软件设置

2.3.1　单位

在制作效果图中，将 CAD 文件导入 3ds Max 中编辑，为了保证模型的规范性，首先就要进行"自定义—单位设置命令"，以保证 CAD 文件单位与模型文件单位统一（图 2-17）。

2.3.2　界面布局

3ds Max 2017 的界面布局可以根据自己的制图习惯改变，拖拽工具栏的最左端可以自行调动该板块的位置，但一般采取默认界面。

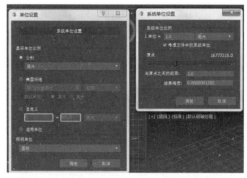
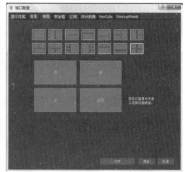

图 2-17 "单位设置"命令
面板（左）
图 2-18 "视口配置"命令
面板（右）

除此之外，视图的分布可以执行"视图—视口配置—布局"进行调动（图 2-18）。

2.3.3 文件自动备份

为防止 3ds Max 在操作过程中意外中断或死机造成文件的丢失情况，可设置文件自动备份。首先操作"自定义—配置用户路径"（图 2-19）设置文件保存在电脑上的位置，其次操作"自定义—首选项设置"（图 2-20）对文件自动保存的时间间隔和文件数进行设置。

图 2-19 "配置用户路径"
命令面板（左）
图 2-20 "文件自动保存"
设置面板（右）

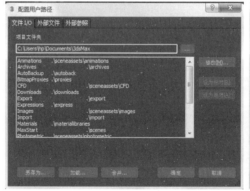

图 2-21 "创建物体"命令
面板

2.4 3ds Max 对象基本操作

2.4.1 创建物体

在"命令"面板"创建"面板下（图 2-21），3ds Max 提供了多样的建模方式，包括"标准基本体""扩展基本体""复合对象""粒子系统"等。每个方式都不是孤立存在的，彼此可以相互编辑，最终形成功能强大的建模功能。

2.4.2　选择对象

在工具栏中使用"选择"或"移动"工具单击某个对象（图 2-22），即可选中该对象。

二维码 2-2
3ds Max 变换功能

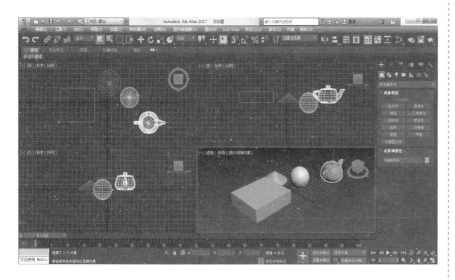

图 2-22 "选择对象"操作

2.4.3　隐藏和冻结对象

为方便在场景中对复杂对象进行编辑，可以选用"隐藏选定对象"或者"隐藏未选定对象"命令。如果在场景中要使某些对象显示但不可编辑，可选用"冻结当前选择"命令。具体的操作为：选中该对象后，单击鼠标右键进行操作（图 2-23）。

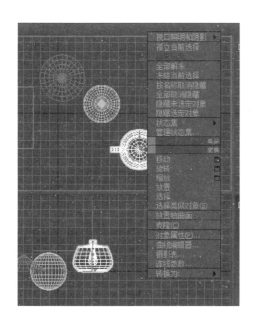

图 2-23 "隐藏、冻结对象"
操作

2.4.4　选择并移动对象

选择对象后执行  "移动" 命令，也可直接使用 "M" 快捷键操作，当把鼠标放在 X 轴上时，即只能在 X 轴方向上移动，把鼠标放在 Y 轴上时，即只能在 Y 轴方向上移动，当把鼠标放在 Z 轴上时，即只能在 Z 轴方向上移动。当把鼠标放在两轴中间，有黄色区域显示出来时，即可任意移动不锁定某一轴向。除此之外，鼠标右键单击 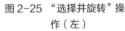，自定义设置该物体在轴向上的位置移动（图 2-24）。

图 2-24　"选择并移动"操作

2.4.5　选择并旋转对象

单击旋转工具 ，锁定某一轴向，便可以在该轴向上旋转。如需精度旋转，右键单击 "角度" 设置旋转参数（图 2-25）。

2.4.6　选择并缩放对象

单击缩放工具 可实现物体的自由缩放。放在不同的轴向上，缩放的效果也不同。

2.4.7　复制物体

在实行 "移动" 命令时，按下 Shift 键，锁定某一轴向拖动物体即可完成复制命令，其形式有 "复制" "实例" 和 "参考" 三种，并可以对复制的个数进行设置（图 2-26）。

图 2-25　"选择并旋转"操作（左）
图 2-26　"复制物体"操作（右）

2.4.8　对齐物体

选择物体，单击 "对齐" 命令 ，拾取对齐的目标对象。对相应的参数进行设置（图 2-27）。

2.4.9　捕捉物体

对象 "捕捉" 命令分为 "捕捉开关"、 "角度捕捉"、 "百分比捕捉"。"捕捉开关"包含 "二维捕捉" "2.5 维捕捉" "三维捕捉"（图 2-28），

二维码 2-3
3ds Max 捕捉功能

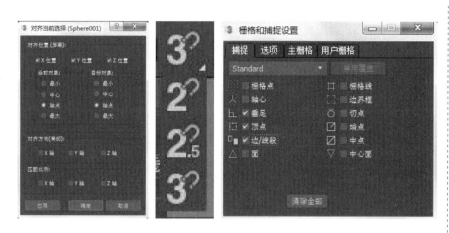

图 2-27 "对齐"命令面板
（左）
图 2-28 "捕捉开关"（中）
图 2-29 "栅格和捕捉设
置"对话框（右）

此项是精确作图不可缺少的工具。右键单击对象捕捉命令栏弹出 "栅格和
捕捉设置" 对话框（图 2-29）。

本章小结

掌握 3ds Max 软件的基础操作，逐步开始室内建模环节的学习，并通
过练习制作一些简单的模型，从而达到对基础操作的熟练掌握。

3

第 3 章
基础建模技术

学习目标：

通过对各种建模方法的掌握，能够参照 CAD
图纸制作出室内空间及各种室内单体模型。

学习要点：

1. 掌握基本几何体建模的方法。

2. 掌握二维图形建模的方法。

3. 掌握修改器建模方法。

3.1　建模常识

3.1.1　为什么要建模

随着经济的发展，物质生活的丰富，人们不再满足简单的功能需求，要求从"物的堆积"中解放出来，强调设计中各种物件之间存在统一整体之美。所以对设计师提出了更高的要求。应用 3ds Max 软件，设计师能清楚准确地表达空间的虚实关系，协调形体、色彩和营造空间氛围。任何客户都能从这些清晰的效果图中看到最终获得的装修效果，色彩、色调、空间造型、材料、空间功能规划，风格是否统一、协调等，是否能够满足他的需求与意愿，可以更好地和设计师进行有效沟通。

3.1.2　室内建模常用思路（图3-1）

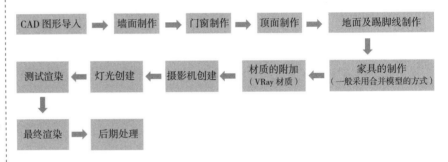

图3-1 "室内建模常用思路"流程图

3.1.3　建模的常用方法

基础建模：把现成的基本几何体和扩展几何体进行大小、方位调整之后，组合起来，形成最终想要的三维模型。

复合建模：可以利用两个或两个以上的三维几何体或二维几何体来创建另一个三维物体。最常用的复合建模就是放样和布尔运算。

Surface tools 建模：通过先建立外轮廓来完成，适用于用多边形比较麻烦的时候。

多边形建模：多边形建模是先将一个对象转化为可编辑的多边形对象，然后通过对多边形对象下的顶点、线、面层级进行编辑和修改来实现建模的过程。

面片建模：这是 3ds Max 提供的另一种表面建模技术，面片模型的最大特点是用较少的细节表示出很光滑、与轮廓更加相符的形状，缺点就是有局限性，如果你习惯于以特定的方式建模，就会产生局限性。面片可以从基本几何体或面片网格建起，将多边形对象转换成面片表面。

NURBS 建模：擅长于光滑表面，也适合于尖锐的边，与面片建模一样，NURBS 允许你创建可被渲染，但并不一定必须在视口上显示的复杂细节，NURBS 表面的构造及编辑都相当简单，凡是能想出来的东西都能用 NURBS 方法建模，此建模方法的最大好处是具有多边形建模方法建模及编辑的灵活性，但是不依赖复杂网格细化表面。

3.2　创建基本几何体建模

3.2.1　标准基本体

在"创建"命令面板中，标准基本体的创建主要包括长方体、圆锥体、球体、几何球体、圆柱体、管状体、圆环、四棱锥、茶壶、平面等命令。可以在视口中通过鼠标轻松创建基本体。进入"修改"命令面板，可以修改基本体的基本参数（图 3-2~ 图 3-4）。

图 3-2　标准基本体

3.2.2　标准基本体实例造型——电视柜制作

电视柜最终效果见图 3-5。

步骤 1：设置单位，顶视图中创建长方体，参数设置为：长 500mm，宽 1600mm，高 25mm（本书中单位如无特殊说明均为"mm"），作为电视柜的顶板（图 3-6）。

步骤 2：创建长方体，参数设置为长 500mm，宽 25mm，高度 400mm，作为电视柜的侧板，打开捕捉移动到顶点位置，并复制作为右侧板（图 3-7）。

步骤 3：复制顶板长方体，为电视柜的底板（图 3-8）。

图 3-3　"修改"命令面板
　　　　（左）
图 3-4　创建标准基本体
　　　　（右）

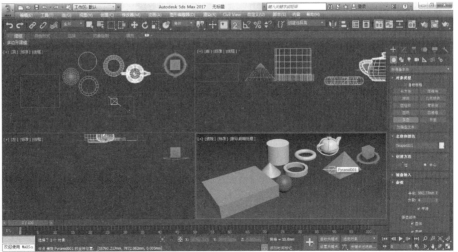

图 3-5　电视柜最终效果

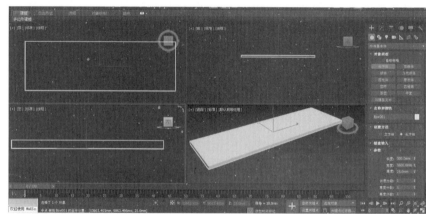

图 3-6　"创建"电视柜顶板

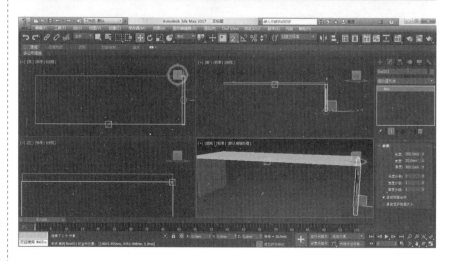

图 3-7　"创建"电视柜左
右侧板

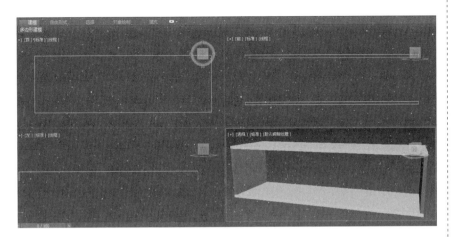

图 3-8　"复制"电视柜底板

步骤 4：按间隔为 500mm 复制 2 个侧板，为电视柜的中侧板（图 3-9）。

步骤 5：创建长方体，参数设置为：长 400mm，宽 500mm，高 18mm，并复制 3 个作为电视柜的背板（图 3-10）。

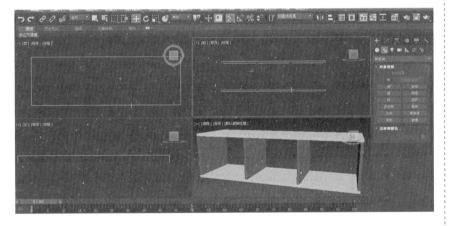

图 3-9　"复制"电视柜中侧板

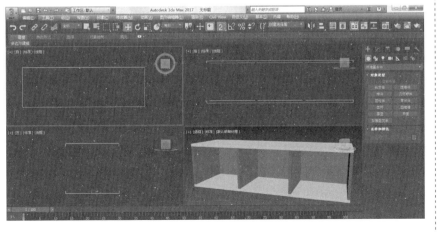

图 3-10　"创建并复制"电视柜背板

步骤 6：在顶视图中创建圆柱体，参数设置为：半径 20mm，高度 50mm，并移动到柜体的下端，并移动复制 3 个，为电视柜的脚柱（图 3-11）。

步骤 7：创建长方体，参数设置为长 200mm，宽度 500mm，高度 476mm。移动到相应位置，为电视柜的抽屉（图 3-12）。

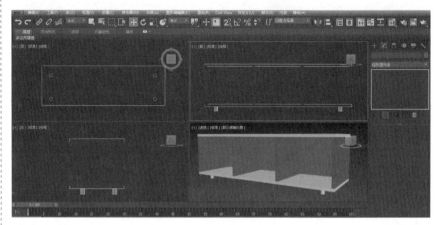

图 3-11 "创建并复制" 电视柜脚柱

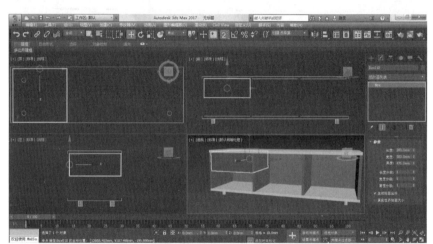

图 3-12 "创建" 电视柜抽屉

步骤 8：创建圆环，参数设置为半径 1：35mm，半径 2：5mm。执行 "缩放" 命令，压缩 "Y" 轴，并移动放置到相应位置，作电视柜抽屉的拉手（图 3-13）。

步骤 9：复制抽屉及拉手，完成电视柜制作（图 3-14）。

3.2.3 扩展基本体

在 "创建" 命令面板中几何体目录项下的下拉菜单中选择 "扩展基本体"（图 3-15）。可以创建异面体、环形结、切角长方体、切角圆柱体、油罐、胶囊、纺锤、球棱柱、环形波等。

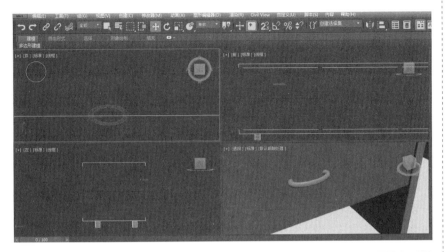

图 3-13　"创建"抽屉拉手

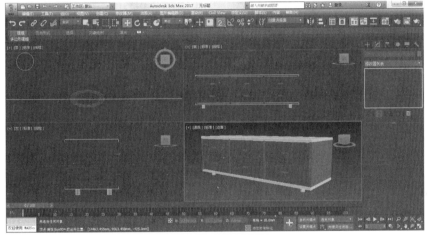

图 3-14　"复制"抽屉及
拉手

3.2.4　扩展基本体实例造型——沙发制作

沙发最终效果见图 3-16。

步骤 1：绘制沙发垫：创建"切角长方体"，参数设置为长 1200mm，宽 600mm，高 150mm，圆角 10mm，圆角分段 4（图 3-17）。

步骤 2：绘制装饰垫：复制坐垫，并更改其高度设置为 60mm，放置坐垫下方（图 3-18）。

步骤 3：绘制沙发底座：再次复制沙发坐垫，并更改其高度设置为 200mm。放置在最下方（图 3-19）。

步骤 4：制作沙发主座：选中坐垫、装饰垫和底座，移动、复制并旋转 90°（图 3-20）。

步骤 5：预留沙发靠背的位置：将沙发侧坐上的装饰垫和底座的长度改为 1400mm；沙发主座坐垫部分宽度改为 400mm，装饰垫和底座部分长度改为 1400mm。并使用对齐命令放置到相应位置（图 3-21）。

图 3-15　扩展基本体

图 3-16 沙发最终效果

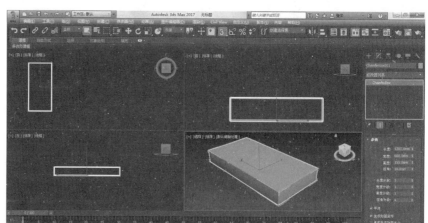

图 3-17 "创建"沙发坐垫

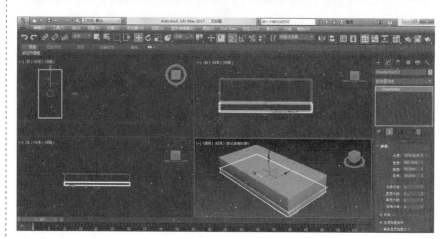

图 3-18 "复制并修改"制
作装饰垫

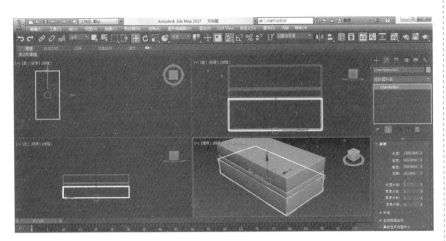

图 3-19　"复制并修改"制作底座

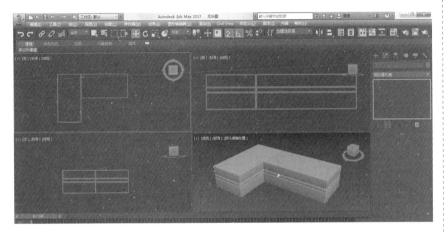

图 3-20　"移动、复制并旋转"制作主座

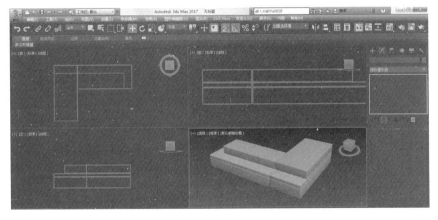

图 3-21　修改坐垫尺寸，预留靠背位置

　　步骤 6：制作单人位：再复制一套沙发，长度全改为 1000mm，执行"对齐"命令，放在右侧（图 3-22）。

　　步骤 7：制作靠背：复制"切角长方体"，更改参数设置为长 2000mm，宽 400mm，高 200mm（图 3-23）。

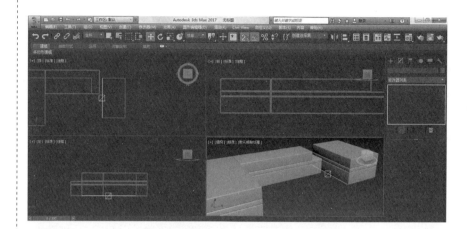

图 3-22　制作单人位

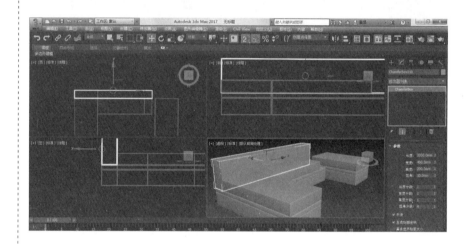

图 3-23　制作靠背

步骤 8：同上，复制多个靠背，更改参数（图 3-24）。

步骤 9：制作沙发腿：创建标准基本体下拉表的"圆柱体"，并复制多个放置到底部（图 3-25）。

3.2.5　二维图形建模

二维图形建模是指由一条或多条样条线组成的对象，通过 3ds Max 中二维挤出、车削、倒角剖面等编辑修改器，创建出三维物体。

二维图形的创建：

（1）二维图形包括线、矩形、圆、椭圆、弧、圆环、多边形、星形、文本、螺旋线、卵形、截面（图 3-26）。

（2）对二维图形的编辑：

1）编辑样条线：鼠标右键→"转换为"→"编辑样条线"。其作用是对除了"线"以外的其他二维图形进行编辑修改。

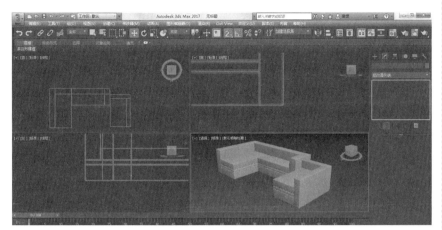

图 3-24　"复制并修改"制
作其他靠背

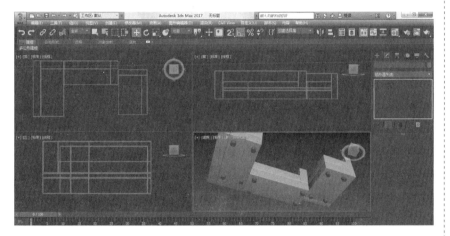

图 3-25　制作沙发腿

2）可编辑样条线：三个层级（顶点层级、线段层级、样条线层级），其下的修改面板分别可以对二维图形进行编辑（图 3-27）。

渲染面板：勾选在渲染中启用和在视口中启用，且设置径向值或矩形值，可直接将二维图形编辑为三维物体。

插值面板：步数控制线的分段线，步数越大，"圆滑度"越高。

几何体面板：附加，将多个曲线合并为一个对象；优化，在线段上添加点；焊接，把两个顶点焊接为一个顶点；圆角，直角转换为圆角；拆分，把线段等分成几部分；轮廓，按照偏移的数值复制出另外一条曲线，形成双线轮廓。

图 3-26　"二维图形创建"
命令面板

3.2.6　创建二维图形实例造型——铁艺围栏制作

铁艺围栏最终效果见图 3-28。

步骤 1：执行"自定义"→"单位设置"→"公制"→"毫米"；点击"系

图 3-27 "二维图形编辑"
命令面板

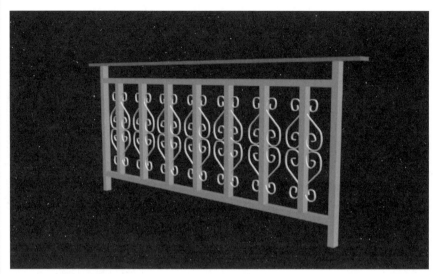

图 3-28 铁艺围栏最终效果

统单位设置"为毫米。

步骤 2：在前视图中创建一个平面，长度 1500mm，宽度 3000mm（图 3-29）。

步骤 3："M"快捷键打开材质编辑器，漫反射中贴位图。将材质赋予对象并在视图中显示（图 3-30、图 3-31）。

图 3-29 "绘制"栏杆平面

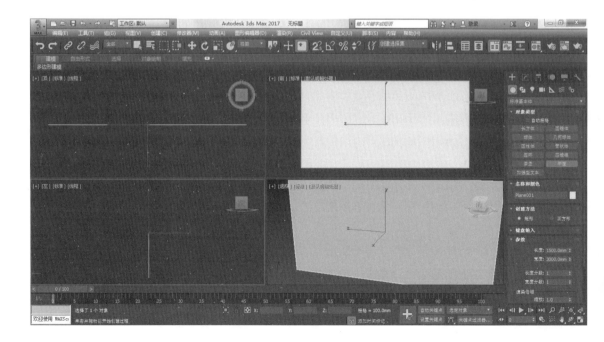

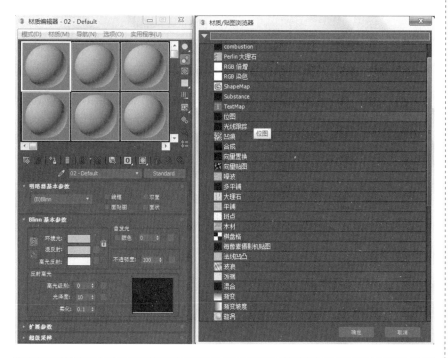

图 3-30　"材质"参数设置

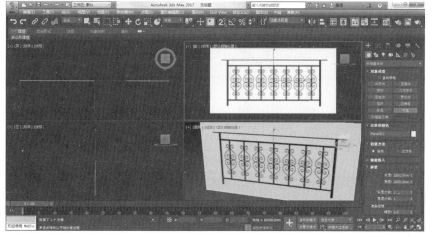

图 3-31　"赋予"栏杆材质
效果

步骤 4：执行"创建"→"图形"→"线"命令，在前视图中绘制线段。进入修改面板设置渲染面板（图 3-32）。

步骤 5：其他直线栏杆同理创建，相同栏杆可采用复制命令，节约作图时间，最终效果见图 3-33。

步骤 6：在前视图中，执行"创建"→"图形"→"线"命令，描出曲线线段。注意：此时描线时应取消渲染面板中"在渲染中启用"和"在视口中启用"（图 3-34）。

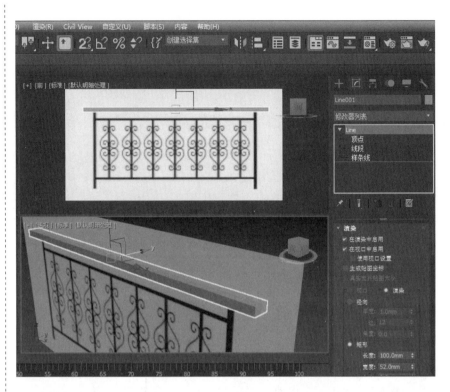

图3-32 "创建"栏杆扶手

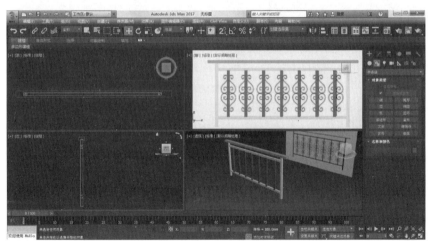

图3-33 "创建"其他直线
栏杆

图3-34 "绘制"曲线栏杆
样条线

步骤7：进入顶点层级，"Ctrl+A"全选所有的顶点，鼠标右键选择"平滑"，对局部的顶点进行移动调整（图3-35）。

步骤8：进入样条线层级，输入5mm轮廓。添加"挤出"修改器，设置20mm（图3-36、图3-37）。

步骤9：执行"镜像""复制"命令，完成铁艺围栏的制作（图3-38）。

图 3-35　"编辑"曲线栏杆样条线

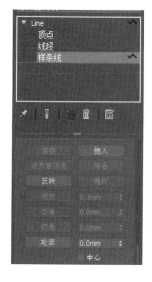

图 3-36　"轮廓"栏杆的宽度（左）

图 3-37　"挤出"栏杆的厚度（右）

图 3-38　"镜像""复制"完成栏杆制作（下）

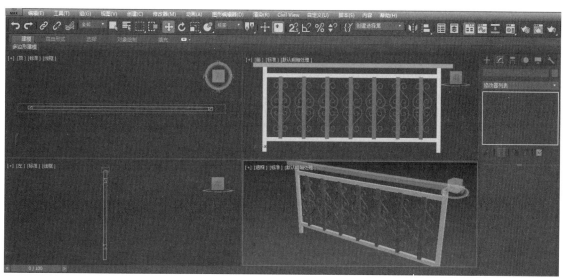

3.2.7 编辑二维图形实例造型——中式窗饰制作（结合 Photoshop 制作）

中式窗饰最终效果见图 3-39。

图 3-39 中式窗饰最终效果

步骤 1：打开 Photoshop 软件，打开图片，裁剪为合适的大小。

步骤 2：执行"魔棒"工具，选取白色，选取相似，进入路径面板，建立路径，隐藏图层，执行"文件"→"导出"→"路径到 Illustrator"。

步骤 3：打开 3ds Max 2017 软件，导入储存的 ai 格式的中式窗饰（图 3-40）。

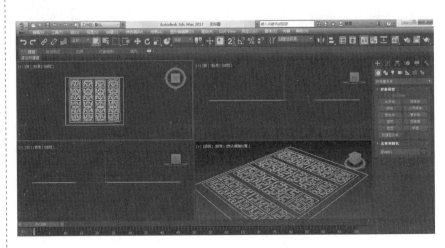

图 3-40 "导入 ai 格式"窗饰平面

步骤 4：执行〝旋转〞命令，设置角度捕捉，使前视图呈窗饰立面的样子。

步骤 5：修改面板中，进入线段层级将外围的线段删除，添加〝挤出〞修改器，输入 3mm 的值（图 3-41）。

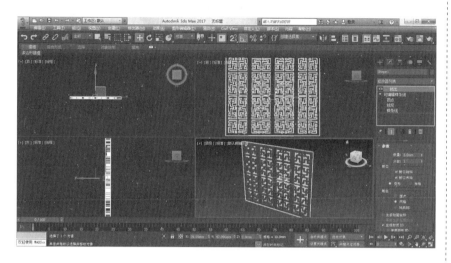

图 3-41　〝挤出〞窗饰厚度

3.2.8　利用基本几何体创建简单室内空间

简单室内空间最终效果见图 3-42。

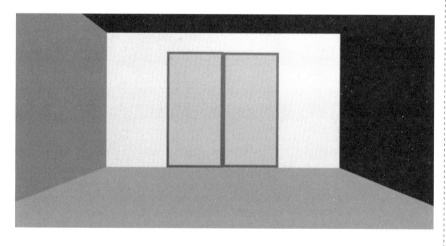

图 3-42　简单室内空间最终效果

步骤 1：创建 6000mm × 5000mm × 2800mm 的长方体（图 3-43）。

步骤 2：添加〝法线〞修改器，右键鼠标，打开对象属性，选择〝背面消隐〞（图 3-44）。

步骤 3：选择对象，点击鼠标右键，把该物体转换为可编辑多边形。

步骤 4：进入边层级，选择上下两边，连接两条线（图 3-45）。

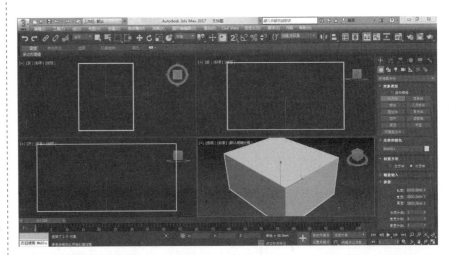

图 3-43 "创建"空间基
本体

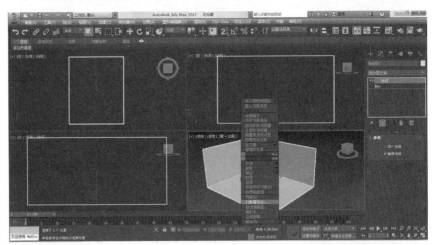

图 3-44 添加"法线"修改
器及"背面消隐"

图 3-45 "连接"出推拉门
洞竖向结构

步骤 5：移动两条线到相应位置，使留出的推拉门洞宽度为 2400mm。

步骤 6：继续在相应线条中连接一条，并移动到 2400mm 的位置，留出门洞（图 3-46）。

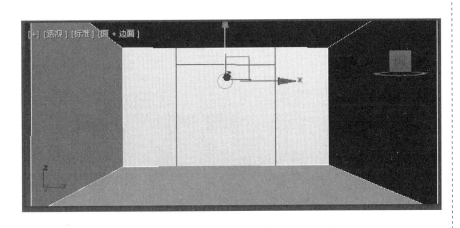

图 3-46　"连接"出推拉门
洞横向结构

步骤 7：进入多边形层级，删除门洞面。

步骤 8：制作门框：在前视图中，运用对象捕捉，创建矩形，并在顶视图中移动到相应的位置。转换为可编辑样条线，进入样条线层级，添加 50mm 的轮廓值。并挤出 50mm 的厚度（图 3-47）。

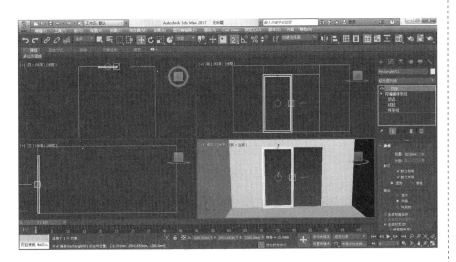

图 3-47　"创建"门框

步骤 9：制作玻璃门：在前视图创建矩形，并挤出 20mm 的厚度。在顶视图中移动到门框的中心位置（图 3-48）。

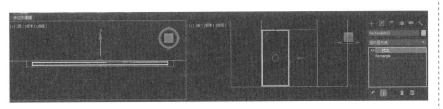

图 3-48　"创建"玻璃门

步骤 10：选中门框和玻璃门，实例复制一个，作为另一半推拉门（图 3-49）。

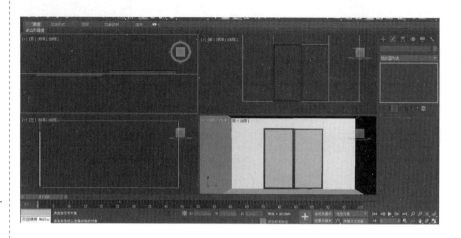

图 3-49 "复制"出另一半门

3.3 常用修改命令

3.3.1 设置修改面板

在 3ds Max 中，室内建模常用的修改器命令包括"挤出""倒角剖面""车削""UVW 贴图"等。为方便我们在建模时能快速调取使用，可以将修改面板进行相应的设置。

点击修改器面板中的配置修改器集，把常用的命令调取在方格中，并显示按钮（图 3-50、图 3-51）。

 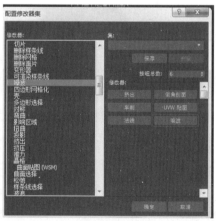

图 3-50 修改器列表（左）
图 3-51 常用修改命令配置（右）

3.3.2 "挤出"修改器

在顶视图中用线任意绘制一个图形，添加"挤出"命令。参数下数量的设置，即是该物体的厚度（图 3-52）。

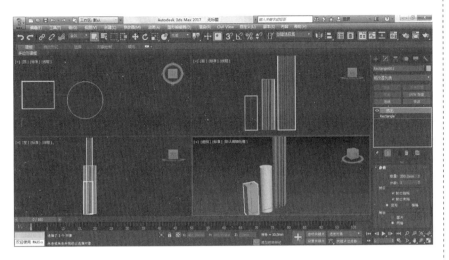

图 3-52 "挤出"修改命令

当将修改面板下的"封口始端"和"封口末端"勾选去掉后，其物体的上下表面就将消失（图 3-53）。

图 3-53 "取消封口始端、末端"效果

3.3.3　倒角剖面——踢脚线的制作

在室内模型创建中，倒角剖面命令经常用于制作吊顶石膏线和地面踢脚线。倒角剖面命令操作必要的两个前提：路径和截面。

踢脚线的制作：

步骤 1：顶视图中创建矩形 6000mm × 5000mm，作为路径。

步骤 2：在前视图中用线描出踢脚线的截面，把点转换为 Bezier 角度进行调整（图 3-54）。

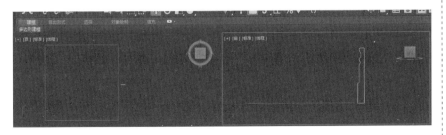

图 3-54 "绘制"踢脚线截面

步骤 3：选择路径，添加"倒角剖面"修改器，勾选"经典"，拾取剖面（点击截面）（图 3-55）。

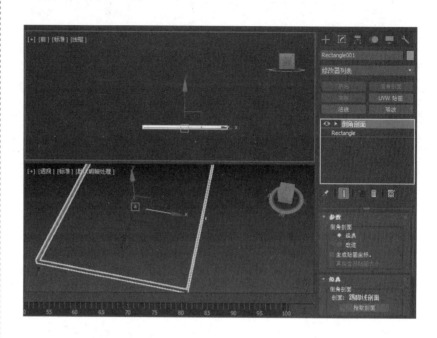

图 3-55 添加"倒角剖面"
修改命令

3.3.4 放样

放样就是把二维图形转换成三维效果，即剖面（图形）按路径轨迹生成三维效果。路径和图形都可以是封闭或者开放的，放样的图形也可以有一个或者多个，还可以进行放样变形。放样多用于窗帘、水瓶等"向度单一，截面多变"的物体生成。创建多个截面的物体步骤如下所示：

创建任意一条曲线，作为路径。

创建星形、圆形、方形分别作为截面。

选择路径，找到复合对象下的放样，并拾取图形（点击星形）（图 3-56）。

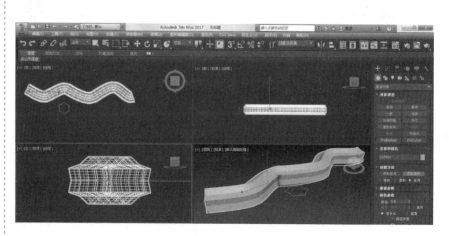

图 3-56 "拾取"一个截面
图形的简单放样

在路径中输入 50，点击拾取图形（点击圆形）；接着在路径中输入 80，再次点击拾取图形（点击矩形）。物体就会被创建为星形、圆形、矩形三个复合截面为一体的三维物体。

如图 3-57 所示，物体在路径 0~50% 时截面为星形，50%~80% 时截面为圆形，80%~100% 时截面为矩形。

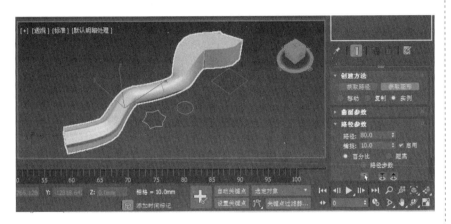

图 3-57　"拾取"多个截面图形的复杂放样

3.3.5　放样变形实例造型——窗帘制作

窗帘最终效果见图 3-58。

步骤 1：在顶视图中，创建 300mm × 3200mm × 2800mm 的长方体，并绘制三条弯曲程度不同的线条（图 3-59）。

图 3-58　窗帘最终效果

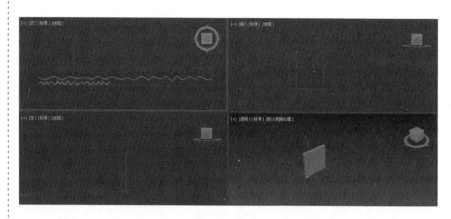

图 3-59 "绘制"窗帘放样
截面

步骤 2：在前视图中创建一条线段，尺寸为长方体的高，作为路径，并删除长方体。

步骤 3：选择路径，放样，拾取图形（点击第一根线条）。添加"法线"修改器（图 3-60）。

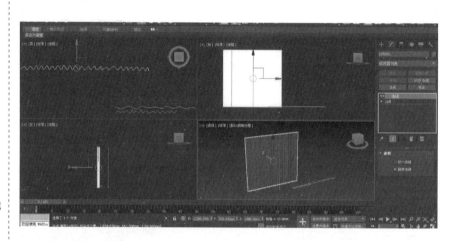

图 3-60 "拾取"第一个截
面放样窗帘

步骤 4：路径设置在 100 时，再次拾取图形（点击第二根线条）（图 3-61）。

步骤 5：再次选择路径，放样，拾取图形（选择第三根线条），添加"法线"修改器（图 3-62）。

步骤 6：对第二个窗帘进行变形、缩放，并调节控制点及曲线（图 3-63）。

步骤 7：进入图形层级，框选图 3-64 左侧窗帘，在前视图中向右平移，使之变形（图 3-64）。

步骤 8：如窗帘形状生硬，可增加蒙皮参数（图 3-65）。

步骤 9：实例镜像一个，并放置在相应位置。

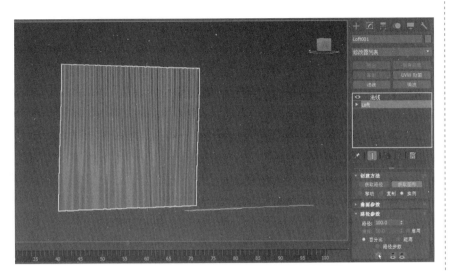

图 3-61　"拾取"第二个截面放样窗帘

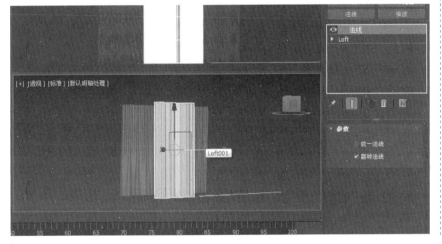

图 3-62　"放样"出第二层窗帘

图 3-63　"修改放样"变形效果

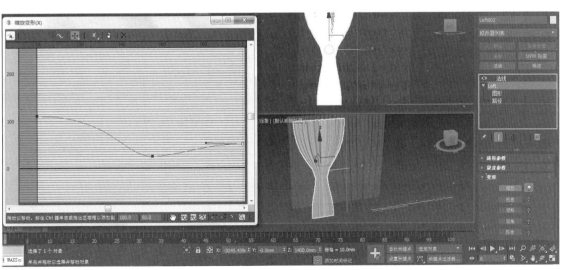

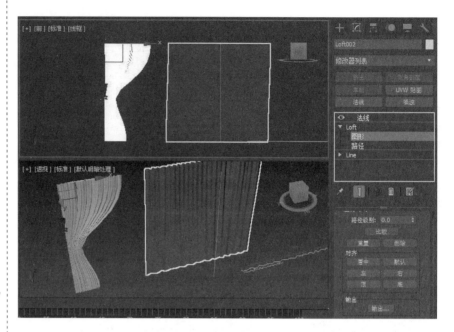

图 3-64 "截面"与"路径"
位置变化效果

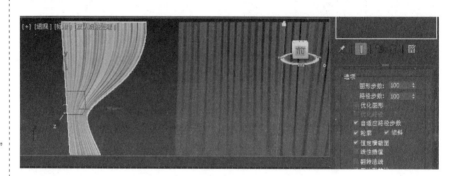

图 3-65 修改"蒙皮参数"
效果

3.3.6 多截面放样实例造型——餐桌桌布制作

餐桌桌布效果见图 3-66。

步骤 1：创建正方形餐桌，顶视图中创建 7600mm × 7600mm 的矩形。

步骤 2：顶视图中创建星形，尺寸跟矩形外围相近（图 3-67）。

步骤 3：在前视图中，创建线作为路径。

步骤 4：选择路径，复合对象，放样，拾取图形（点击矩形）；在路径为 100 的地方，再次拾取图形（点击星形）（图 3-68）。

步骤 5：打开放样小三角，进入图形层级，选择矩形图形，旋转 45°（图 3-69）。

步骤 6：选择星形图形，对圆角参数进行设置，使其桌布更加自然（图 3-70）。

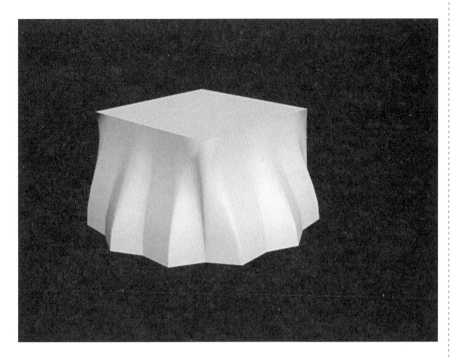

图 3-66　餐桌桌布效果

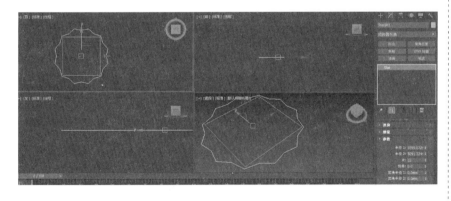

图 3-67　"创建"桌布的两
个截面

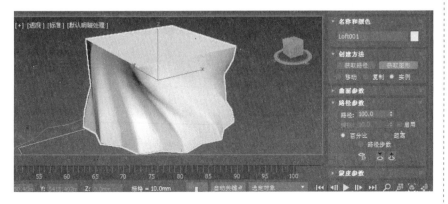

图 3-68　"放样"出桌布

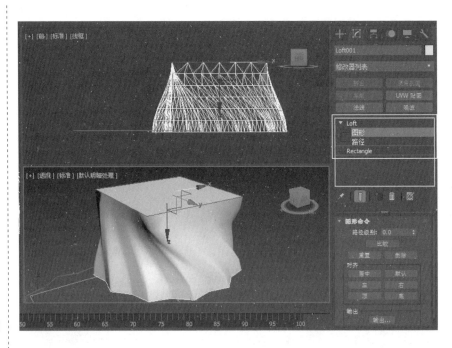

图 3-69 "旋转"矩形截面

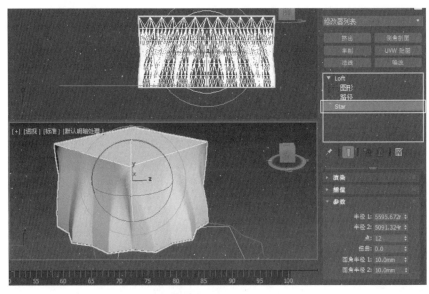

图 3-70 "修改"星形截面
圆角参数

3.4 高级建模技法——多边形建模

图 3-71 "多边形修改"
层级面板

3.4.1 多边形建模方法原理

在简单的模型上,通过增减或调整点、边、面来产生所需要的模型,这种建模方式为多边形建模。多边形建模是目前最流行的建模方法,技术先进,编辑灵活。几乎没有什么是不能通过多边形建模来创建的(图 3-71)。

顶点层级：移除、断开、挤出、焊接、切角、连接。

边层级：移除、分割、挤出、焊接、切角、桥、连接、利用所选内容创建图形。

边界层级：挤出、切角、封口、桥、连接、利用所选内容创建图形。

多边形层级：挤出、轮廓、倒角、插入、桥、沿样条线挤出。

编辑几何体：附加、分离、塌陷、切片平面、快速切片。

3.4.2　晶格——编制灯的制作

编织灯最终效果见图 3-72。

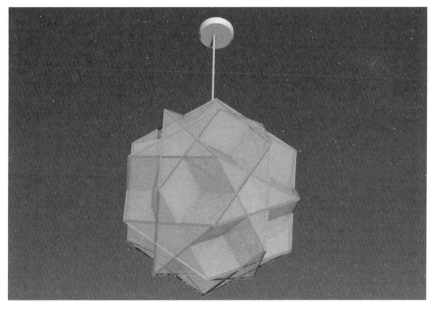

图 3-72　编织灯最终效果

步骤 1：顶视图中创建扩展基本体下的异面体，类别改为星形 2，半径改为 150mm（图 3-73）。

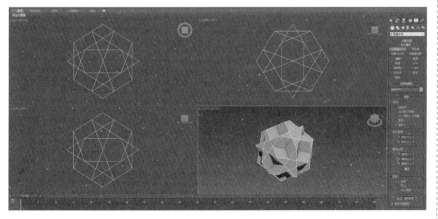

图 3-73　创建扩展基本体
　　　　　"异面体"

步骤 2：添加"晶格"修改器，勾选"仅来自边的支柱"，并勾选"末端封口"（图 3-74）。

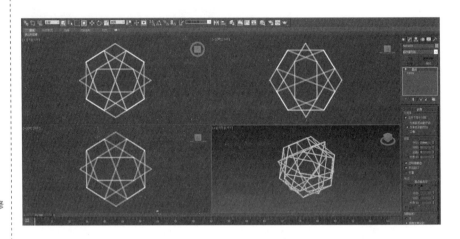

图 3-74　添加"晶格"修改器

步骤 3：原地复制一个，删除"晶格"修改器，并按"Alt+X"命令以透明方式显示（图 3-75）。

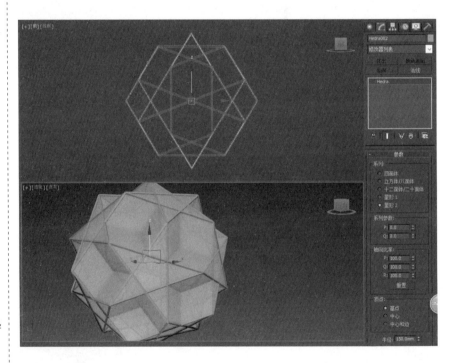

图 3-75　原地"复制"异面体

步骤 4：顶视图中，创建圆，半径为 2mm，挤出 300mm，并放置到相应位置。再次在顶视图中创建球体，半径为 40mm，对齐到相应位置（图 3-76）。

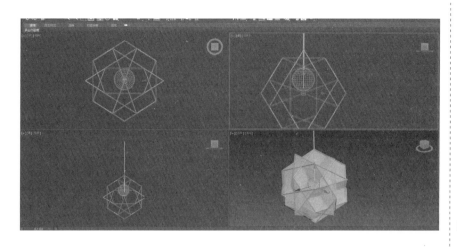

图 3-76　"创建"球体灯泡

步骤 5：顶视图中创建半径为 30mm 的圆，添加"倒角"修改器命令，级别 1 高度 3mm，轮廓 3mm，级别 2 高度为 10mm（图 3-77）。

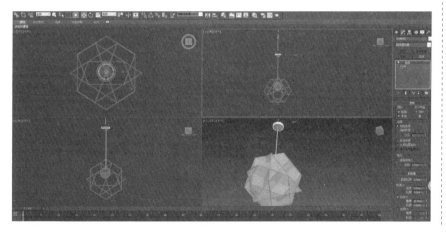

图 3-77　"创建"灯座

3.4.3　FFD 的应用

FFD：针对物体施加一个柔和的力，使该区域的点位置发生变化，从而使模型产生柔和的变形。

设置控制点的数量：FFD 2×2×2：长宽高分别有两个控制点（图 3-78）。FFD 3×3×3：长宽高分别有三个控制点（图 3-79）。FFD 4×4×4：长宽高分别有四个控制点（图 3-80）。

控制点的移动、旋转、缩放能创建出更加柔和的模型。

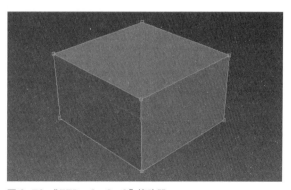

图 3-78　"FFD 2×2×2"修改器

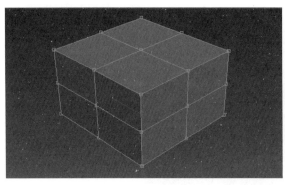 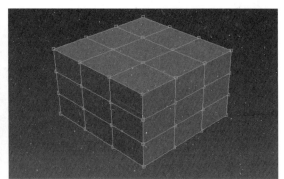

图 3-79 "FFD 3×3×3"
修改器（左）

图 3-80 "FFD 4×4×4"
修改器（右）

3.4.4 编辑多边形、涡轮平滑——欧式躺椅

欧式躺椅最终效果见图 3-81。

步骤 1：创建 400mm × 1340mm 的平面，长度分段 1，宽度分段 1，转化为可编辑多边形。进入边层级，连接两条，并移动到相应位置（距离两边 100mm 的位置）（图 3-82）。

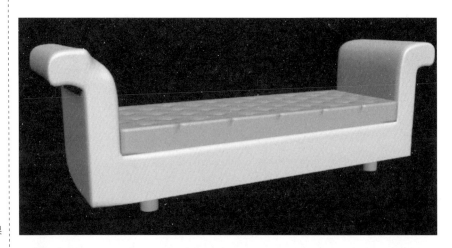

图 3-81 欧式躺椅最终效果

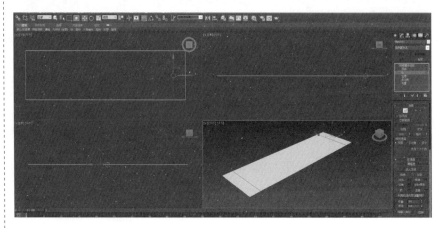

图 3-82 "创建"欧式躺椅
平面结构

步骤 2：进入多边形层级，全选所有面，挤出 150mm，再选择外围两面，挤出 100mm 高度 3 次，再选中侧面，挤出 50mm 厚度 2 次（图 3-83）。

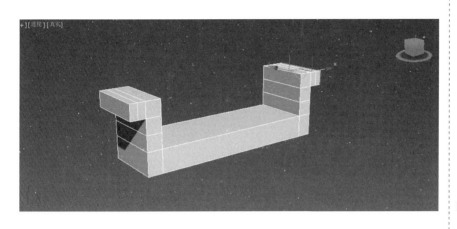

图 3-83 "挤出"躺椅扶手

步骤 3：进入顶点层级，更改顶点的位置，选择外围的边、切角，切角值为 1，添加"涡轮平滑"修改器，迭代次数更改为 2（图 3-84、图 3-85）。

图 3-84 "点、边"级别细化扶手

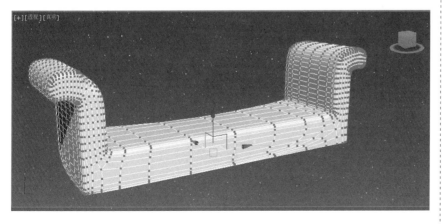

图 3-85 添加"涡轮平滑"修改器

步骤 4：创建平面，长度为 400mm，宽度为 1140mm，长度分段 1，宽度分段 6（图 3-86）。

步骤 5：转化为可编辑多边形，生成拓扑，边方向（图 3-87）。

步骤 6：进入边层级，挤出宽度 -80mm，高度 0mm。进入顶点层级，框选中间的点，切角值 10（图 3-88）。

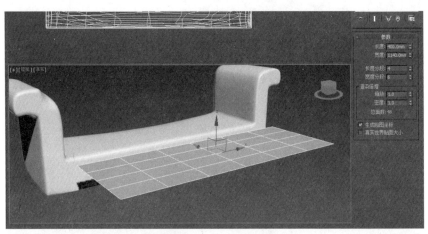

图 3-86 "创建"躺椅座位
平面

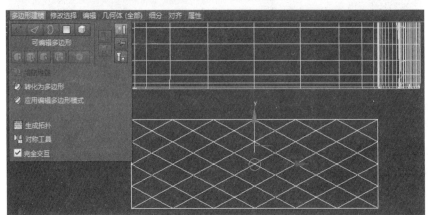

图 3-87 "边层级"生成
拓扑

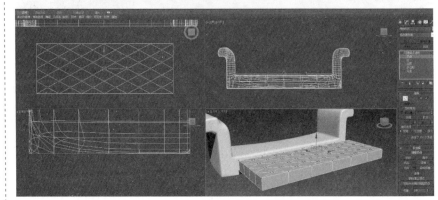

图 3-88 "边层级、顶点层
级"细化结构

步骤 7：选中所有的小面，倒角高度 –20mm，倒角轮廓 –5（图 3–89）。

步骤 8：进入边层级，选中相应的边，切角 0.5 的值。添加"涡轮平滑"修改器，并放置到相应的位置（图 3–90）。

步骤 9：制作躺椅脚凳。创建圆柱体，半径为 30mm，高度为 100mm，实例复制并放置到相应位置。

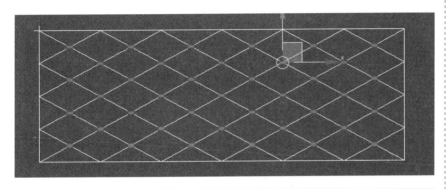

图 3–89　"面层级"细化结构

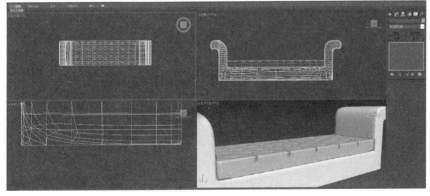

图 3–90　"涡轮平滑"最终结构

3.5　基础建模案例——住宅客厅空间建模

住宅客厅模型最终效果见图 3–91。

步骤 1：设置单位，导入 CAD 图形，并冻结当前图形。

步骤 2：描内墙线，挤出 2800mm，添加"法线"修改器，鼠标右键选择"对象属性"，勾选"背面消隐"（图 3–92）。（注意：描内墙线时，门洞、窗洞的位置要点击出来）

步骤 3：物体转化为可编辑多边形，进入边层级，点击线段，连接两条，作为窗洞（图 3–93）。

步骤 4：把连接出的下面的线段，Z 值改为 900，上面的线段 Z 值改为 2300，作为窗。

图 3-91　住宅客厅模型最终
　　　　效果

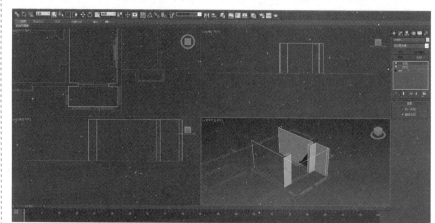

图 3-92　"绘制、挤出"客
　　　　厅空间

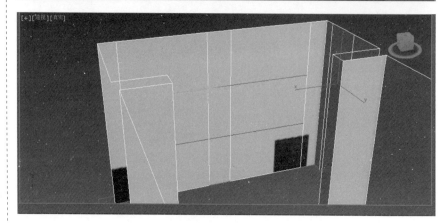

图 3-93　"边层级"连接出
　　　　窗洞结构

　　步骤 5：进入多边形层级，选择窗面，向外挤出 −240mm，并删除面
（图 3-94）。

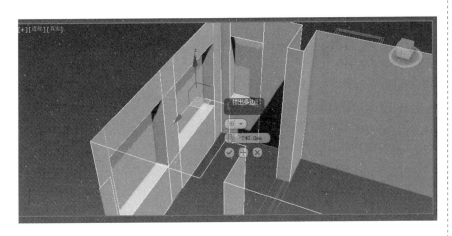

图 3-94　"多边形层级"挤出窗洞

步骤 6：制作窗框，在前视图中，用矩形描窗洞的位置，并利用样条线轮廓制作出窗框，见图 3-95。

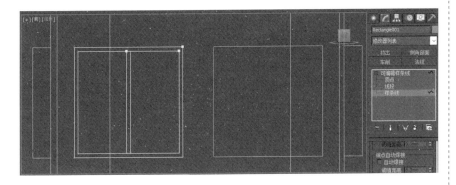

图 3-95　二维样条线制作窗框

步骤 7：在顶视图中，把窗框放置到相应的位置，并复制制作出其余窗框（图 3-96、图 3-97）。

步骤 8：制作梁，顶视图中描矩形，Z 值位置改为 2800mm，挤出 -400mm（图 3-98）。

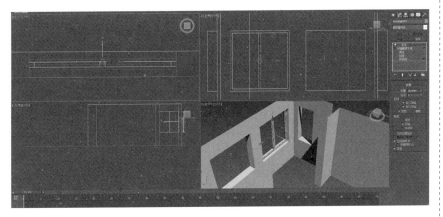

图 3-96　制作出其余窗框

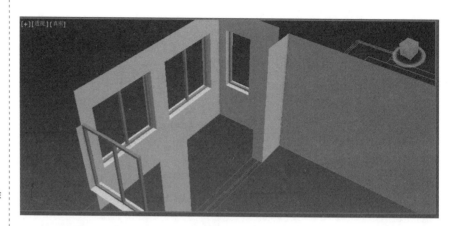

图 3-97 "复制"出其余
窗框

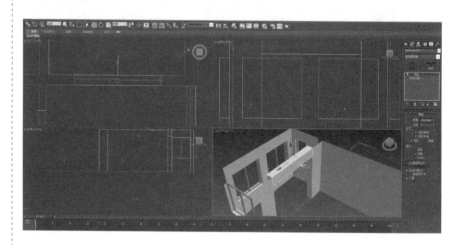

图 3-98 制作梁

步骤 9：制作推拉门，在前视图中，用矩形描出一半的门，并利用样条线轮廓制作出门框，挤出 100mm。描门框的内线，挤出 20mm，作为玻璃门。在顶视图中放置到相应位置（图 3-99）。

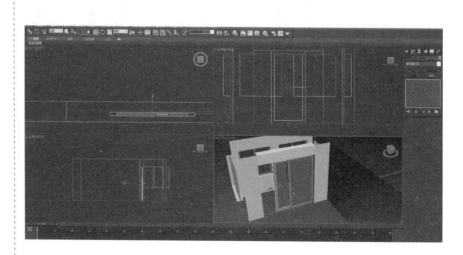

图 3-99 制作推拉门

步骤 10：制作地面，顶视图中矩形描地面线，鼠标右键，转化为可编辑网格即可（图 3-100）。

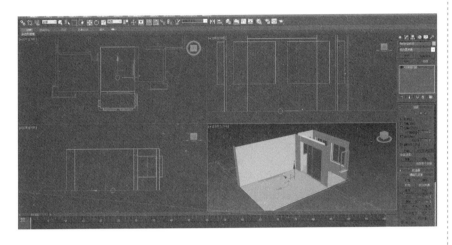

图 3-100　制作地面

步骤 11：制作顶面，顶视图中描客厅顶面角点作为路径，并在前视图中画出顶面石膏线截面，选择路径，进行"倒角剖面"命令，拾取剖面，选择剖面 gizmo 坐标，并在前视图中放置到相应位置（图 3-101、图 3-102）。

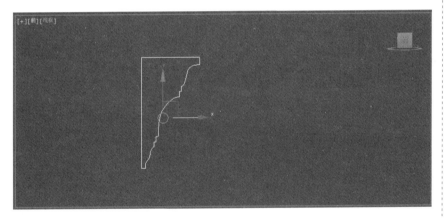

图 3-101　石膏线截面

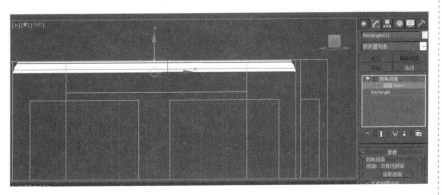

图 3-102　"倒角剖面"制作顶面石膏线

步骤 12：顶视图中描客厅加阳台的顶面角点，直接转化为可编辑网格即可。为方便观察，添加"法线"修改器，右键选择"对象属性"，勾选"背面消隐"（图 3-103）。

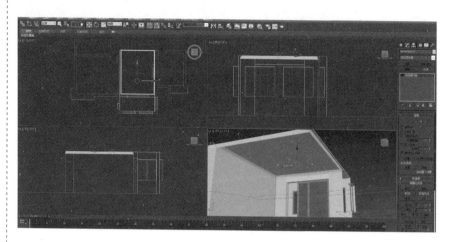

图 3-103　制作客厅及阳台吊顶

步骤 13：导入沙发墙 + 电视墙立面，并旋转移动到相应位置（图 3-104）。

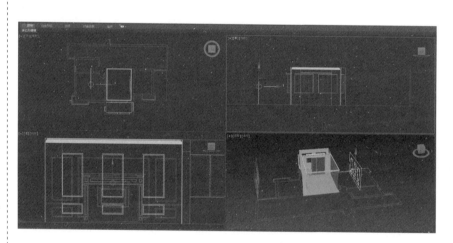

图 3-104　"导入"沙发墙 + 电视墙立面

步骤 14：制作电视墙，在左视图中，隐藏沙发墙立面图，冻结电视墙立面。

步骤 15：在顶视图中，创建长度 180mm、宽度 120mm 的矩形，并在左视图中，用线描出如图 3-105 所示的截面。

步骤 16：选择矩形，添加"倒角剖面"修改器，拾取该剖面，并在顶视图中旋转剖面 gizmo 坐标（图 3-106）。

步骤 17：进入样条线的边层级，删除里面的边，并将物体放置到相应的位置（图 3-107）。

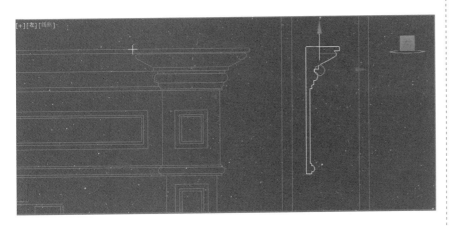

图 3-105　"绘制"电视墙
柱头造型截面

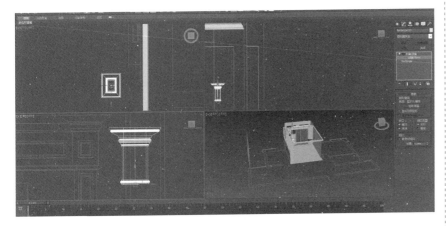

图 3-106　"倒角剖面"制作
电视墙柱头造型

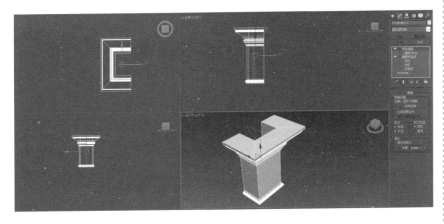

图 3-107　"修改"电视墙
柱头造型

　　步骤 18：在顶视图中创建矩形，挤出 -350mm；在左视图中创建矩形，挤出 115mm（图 3-108）。

　　步骤 19：制作石膏线，在左视图中创建矩形作为路径，在顶视图中用线描出截面，选择路径，添加"倒角剖面"修改器，拾取剖面（图 3-109、图 3-110）。

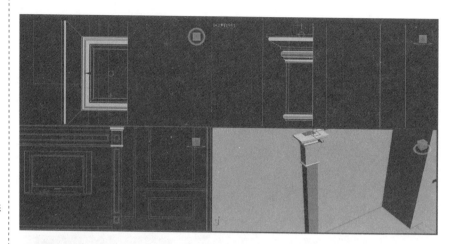

图 3-108　制作电视墙方形立柱

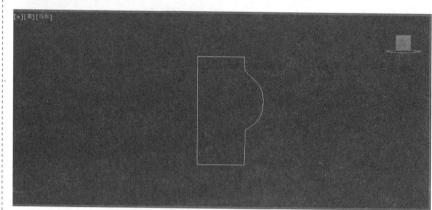

图 3-109　"绘制"石膏线截面

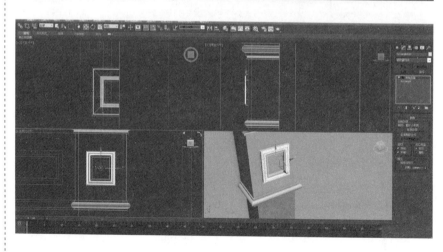

图 3-110　"倒角剖面"制作柱头石膏线

　　步骤 20：复制刚才所做的石膏线，并更改顶点位置，制作出符合立面图的样式（图 3-111）。

　　步骤 21：选中所有的物体，实例复制一个（图 3-112）。

图 3-111　"复制"出其他
　　　　　石膏线

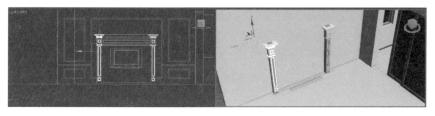

图 3-112　"复制"出另一
　　　　　个电视墙柱子

步骤 22：复制上面的物体，进入分段层级，选中旁边的两条线，删除（图 3-113）。

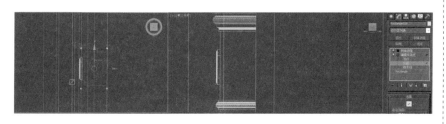

图 3-113　"复制并修改"
　　　　　出中间部分

步骤 23：在左视图中，更改顶点的位置，并放置到相应的位置（图 3-114）。

图 3-114　"放置"到相应
　　　　　位置

步骤 24：同理，更改其余物体顶点的位置，见图 3-115。

图 3-115　"修改"出其他
　　　　　电视墙物体

步骤 25：制作台面，左视图中，描矩形，挤出 400mm（图 3-116）。

图 3-116 "制作"电视墙
台面

步骤 26：制作石膏线，在左视图中，描线，添加"倒角剖面"修改器，拾取剖面（图 3-117）。

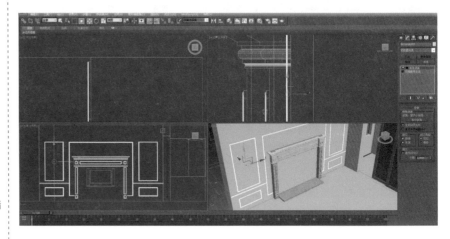

图 3-117 "制作"电视墙
石膏线

步骤 27：制作沙发墙，全部取消隐藏，选中沙发墙立面和墙体，孤立当前选项。在左视图中，冻结沙发墙立面。同理，描线，添加"倒角剖面"修改器，拾取剖面。在顶视图中，旋转 180°，对齐到墙面。实例复制其余两个石膏线（图 3-118、图 3-119）。

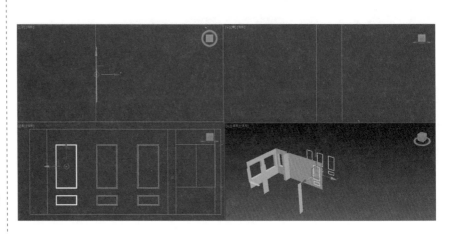

图 3-118 "制作"沙发墙
石膏线

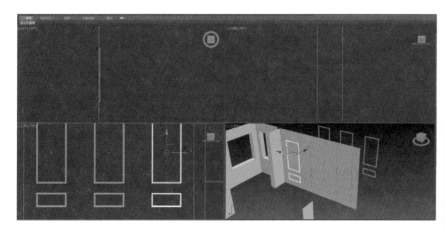

图 3-119　"实例复制"其
余石膏线

本章小结

　　3ds Max 建模的方法有很多，本章主要围绕室内电脑效果图制作所需要的建模方法，进行了集中阐述，要求读者能结合书中实例举一反三，制作出符合自己表现需求的室内模型。

4

第4章
室内效果图材质技术

学习目标：
掌握材质的原理和制作技法，在室内电脑效
果图表现中灵活运用材质技术。

学习要点：
1. 掌握常用材质的制作方法。
2. 掌握常用贴图的运用方法。

4.1 材质和贴图的概念

4.1.1 为什么要制作材质

材质是体现效果图真实度最直观的表现。我们通过前面的模型制作学习，已经能够利用 3ds Max 模拟制作出室内空间模型。接下来要通过赋予模型材质来模拟真实的场景效果。这是因为在现实生活中，由于物体本身材料的特性和光环境的作用，使得真实空间中有大量的材质细节和光影细节，要想较为真实的模拟现实生活中的场景，我们还需在 3ds Max 软件中，对模型进行材质和灯光的编辑，渲染输出后才能得到如图 4-1 所示接近真实的空间效果。本章将对材质系统作全面的介绍。

4.1.2 材质和贴图的概念

材质是一个数据集，主要功能就是给渲染器提供数据和光照算法，用以模拟现实场景中材料的质感。贴图就是材质数据的组成部分，根据用途不同，贴图也会被分成不同的类型，比如说 Diffuse（漫反射）贴图、Reflect（反射）贴图、RGlossiness（光滑度）贴图、Bump（凹凸）贴图等。另外一个重要部分就是光照模型 Shader，用以实现不同的渲染效果。在 VRay 渲染器中，材质的光照模型一般不做修改，以生成物理正确的渲染效果（本书中一般使用"VRay"，为对应软件截图等也作"V-Ray"）。

简单来说，材质对应现实场景中的材料，而贴图对应现实场景中材料的各种属性（如纹理颜色、反射、光滑等）。其对应关系见图 4-2。

图 4-1 材质效果（左）
图 4-2 材质的属性与参数（右）

4.2 3ds Max 材质系统界面

3ds Max 2017 提供了两套材质编辑的界面，分别为精简材质编辑器（传统材质编辑方式）（图 4-3）和 Slate 材质编辑器（节点材质编辑方式）（图 4-4）。两者都提供了完整的材质编辑功能，精简材质编辑器的设计理念基于层级，而 Slate 材质编辑器的设计理念基于节点。一般来说，Slate 材质编辑器适合调节材质，而精简材质编辑器更适合调用已有材质资源。

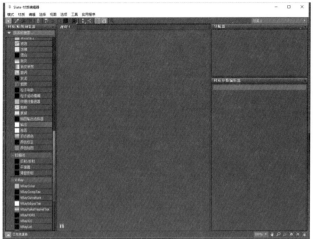

图 4-3　精简材质编辑器界面（左）

图 4-4　Slate（节点）材质编辑器界面（右）

由于现阶段许多设计软件和渲染器的设计都是基于节点操作模式，本书将着重讲解使用 Slate（节点）材质编辑器对物体材质进行编辑的方法，对精简材质编辑器不作详细介绍。

4.2.1　Slate（节点）材质编辑器

一、Slate（节点）材质编辑器调用

在 3ds Max 中可以通过两种方式调用 Slate 材质编辑器。

1. 在菜单栏中调用："渲染"→"材质编辑器"→"Slate 材质编辑器"，见图 4-5。

2. 在精简材质编辑器中调用：通过快捷键"M"调出精简材质编辑器，在模式菜单中找到 Slate 材质编辑器，见图 4-6。

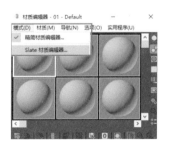

图 4-5　菜单栏调用 Slate 材质编辑器（左）

图 4-6　精简材质编辑器切换 Slate 材质编辑器（右）

二维码 4-1
Slate 材质编辑器功能界面

二、Slate（节点）材质编辑器界面介绍

通过以上方法打开 Slate 材质编辑器界面，见图 4-7，接下来介绍该界面的功能。

图 4-7 Slate 材质编辑器
界面介绍

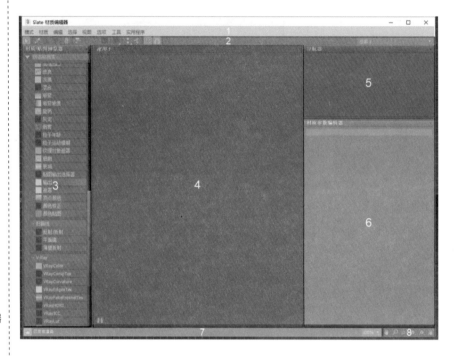

1. 菜单栏：提供在 Slate 材质编辑器中所有功能。
2. 工具栏：提供在 Slate 材质编辑器中常用功能。
3. 材质／贴图浏览器：用以浏览材质、贴图以及基础材质和贴图类型。
4. 活动视图：用以组合材质和贴图。
5. 导航器：快速预览 Slate 材质编辑器节点结构。
6. 参数编辑器：用以控制材质和贴图设置。
7. 状态：提供材质预览渲染开关等功能。
8. 视图：导航缩放等功能。

在进行材质编辑的时候，主要工作区域为材质／贴图浏览器、活动视图和参数编辑器。

4.2.2 用 Slate（节点）材质编辑器创建材质和贴图

一、设置 VRay 渲染器

由于在材质系统和灯光系统的学习过程中需要渲染才能看到相应效果，所以在正式制作材质之前，我们需要对渲染器进行基本设置，以方便我们进行材质和灯光系统的效果查看。步骤如下：

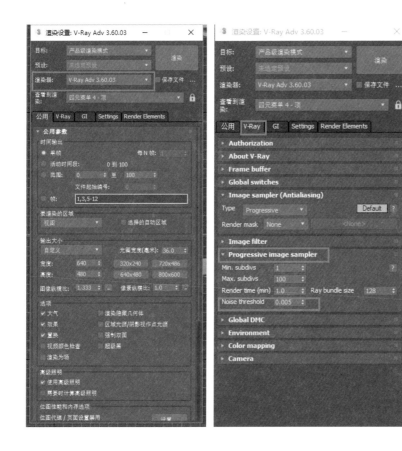

图 4-8　调用 V-Ray 渲染器（左）

图 4-9　V-Ray 渲染器设置（右）

1. 在 3ds Max 菜单栏中找到"渲染"→"渲染设置"，或使用快捷键"F10"打开渲染设置面板，把默认的渲染器切换为 V-Ray Adv 3.60.03，见图 4-8。

2. 在 V-Ray 选项卡中，将 Progressive image sampler（渐进式渲染图像采样）中的 Noise threshold（噪点阈值）设置为 0.005，见图 4-9。

二、从材质／贴图浏览器中创建材质和贴图

如图 4-10 所示，在左侧的"材质／贴图浏览器"的"材质"→"V-Ray"卷展栏中找到"VRayMtl"（VRay 材质），鼠标左键按住拖动到活动视图中，进行相应材质的创建。贴图创建方法相同。

三、在活动视图中进行材质和贴图创建

如图 4-11 所示，在活动视图中单击鼠标右键，在弹出的选项窗口中选择材质→ V-Ray，选择所需要创建的材质类型（如 VRayMtl VRay 材质），点击即可完成相应材质的创建。贴图创建方法相同。

📖 **小贴士**：当场景比较复杂，或场景中的材质比较复杂时，我们可以通过在活动视图上方创建视图标签来对材质进行分组管理。其添加方法是在活动视图上方空白处单击鼠标右键，选择创建新视图。

图 4-10 从材质 / 贴图浏
览器中创建材质
和贴图

图 4-11 在活动视图中进行
材质和贴图创建

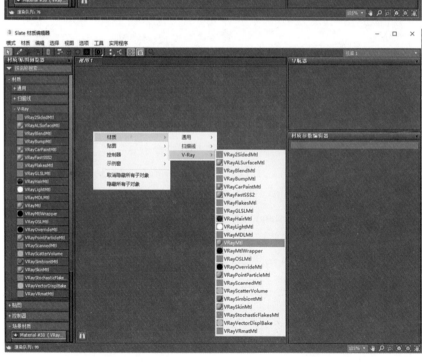

二维码 4-2
VRay 材质系统

4.3 VRay 材质系统

为了更好地模拟这些材料的视觉效果，我们需要通过 VRay 材质系统进行模拟表现。VRay 渲染器提供了多种材质类型用于模拟现实材料的物理效果，包括 VRayMtl（VRay 材质）、VRayBlendMtl（VRay 混合材质）、VRayLightMtl（VRya 发光材质）、VRay2SidedMtl（VRay 双面材质）等 21 种材质。室内设计中的常用材料均可通过 VRayMtl（VRay 材质）和VRay2SidedMtl（VRay 双面材质）进行模拟，本节内容以这两种材质为主作详细阐述。

4.3.1　VRayMtl（VRay 材质）材质

如图 4-12 所示，现实中常见材料按照其表面视觉特性，主要可以分为三大种类：不透明非金属材料、金属材料和透明材料三种类型，均可以通过 VRayMtl（VRay 材质）进行模拟表现。配合 VRay 渲染器能够更加准确地模拟出现实场景，并具有更快的渲染速度（相较于 3ds Max 自带的标准材质）。按照材质需要模拟现实中材料的基本特点，我们把 VRayMtl 参数面板分为漫反射组（模拟基本色彩）、反射组（模拟反射）、折射组（模拟透明）以及贴图组（模拟凹凸等）参数面板，见图 4-13、图 4-14。

- 重要参数解析

Diffuse（漫反射组）：用以指定物体表面的颜色或纹理，见图 4-15。

图 4-12　常见材质分类

Diffuse（漫反射）参数

Reflection（反射）系列参数

Refraction（折射）系列参数

图 4-13　常用材质参数（左）
图 4-14　常用材质贴图（右）

Reflection（反射组）：用以模拟物体的表面反射特性。

1.Reflect（反射）：用颜色控制物体表面的反射强度变化。黑色代表没有反射，白色代表 100% 的镜面反射，中间灰度色代表不同的反射强度。设置不同颜色的反射强度对比见图 4-16。

Diffuse（漫反射）指定颜色

Diffuse（漫反射）指定贴图

图 4-15　漫反射组参数效果

Reflect（反射）为纯黑色　　　Reflect（反射）为50%物理灰色　　　Reflect（反射）为纯白色

图 4-16　反射组参数效果

2.RGlossiness（反射光滑度）：用数值或贴图来控制物体表面的光滑程度（即反射的模糊程度），数值为 1 时，表示物体表面完全光滑（即反射最清晰），数值为 0 时，物体表面最粗糙（即反射最模糊）。不同的反射模糊值效果对比见图 4-17。

reflect: 1
RGlossiness:0

reflect: 1
RGlossiness:0.4

reflect: 1
RGlossiness:0.8

reflect: 1
RGlossiness:1

图 4-17　反射光滑度参数效果

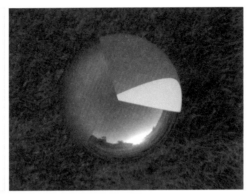

通过黑白纹理贴图控制物体表面光滑度。

图 4-18　反射光滑度贴图效果

当使用贴图控制模糊效果时，应选用灰度类贴图，黑色的地方为完全粗糙，白色的地方为完全光滑。效果见图 4-18。

3.Fresnel IOR（菲涅尔反射）：反射强度与物体的入射角度有关系，入射角度越小反射越强烈。当垂直入射时，反射强度最弱。同时菲涅尔反射的效果还和下面的 Fresnel IOR 菲涅尔折射率有关系，一般物体的菲涅尔折射率是 1.6 左右，数值越大越趋向于金属物体表面。分别设置 Fresnel IOR 为 1.6、7、20、25 的物体表面反射效果见图 4-19。

Refraction（折射组）：用以模拟物体的透明特性。

1.Refract（折射）：由颜色或灰度贴图控制其透明程度，黑色为不透明，白色为完全透明。对比效果见图 4-20。

2.Glossiness（折射模糊）：用以控制物体的折射模糊程度。数值为 1 时不产生折射模糊，数值越小折射模糊越明显，对比效果见图 4-21。

3.IOR（折射率）：设置透明物体的折射率（图 4-22）。

📖 **小贴士**：常见的透明物体折射率：水为 1.333，玻璃为 1.517，水晶为 2.000，钻石为 2.417。

4.Fog color（雾气颜色）：用以模拟带有颜色的透明材料效果，可以由颜色或贴图控制。不同颜色效果见图 4-23。

二维码 4-5
折射组参数讲解

Fresnel IOR:1.6

Fresnel IOR:7

Fresnel IOR:20

Fresnel IOR:25

图 4-19　菲涅尔反射参数效果

Refract: 纯黑

图 4-20 折射参数效果

Refract: 纯白

Glossiness: 0.7

Glossiness: 1

图 4-21 折射模糊参数效果

IOR: 1.6

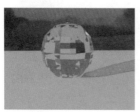

IOR: 2.4

图 4-22 折射率参数效果

颜色为红色物体效果

颜色为彩色贴图效果

图 4-23 雾气颜色参数效果

图 4-24 雾气倍增参数效果

Fog multiplier:1

Fog multiplier:0.02

图 4-25 凹凸贴图参数

5. For multiplier（雾气倍增）：用以控制彩色透明材料的颜色浓度，其数值越大彩色透明材质颜色越深。对比效果见图 4-24。

Bump（凹凸）贴图：用以模拟物体表面的凹凸特性。

在现实场景中，物体的表面经常会有不规则的凹进凸出，如木地板、地面瓷砖等表面。我们可以通过两种方式进行模拟，第一种是在模型创建的时候进行凹进凸出的模型制作，这种方法效果较真实，但是对于电脑资源的占用较高，渲染速度也相对较慢。第二种是通过 VRayMtl 材质中的 Bump（凹凸）贴图通道来模拟材质的凹进凸出（图 4-25）。

没有凹凸贴图，地面为光滑平面

添加凹凸贴图，地面有起伏效果

二维码 4-6
凹凸贴图

图 4-26　有无凹凸贴图效
果对比

具体 Bump（凹凸）贴图通道可以使用
灰度贴图控制物体表面法线方向（垂直方向）
的凹进凸出关系，黑色为凹进，白色为凸出；
也可以使用整体为蓝紫色贴图（Normal 法线
贴图）进行控制，其贴图内容包含 RGB 三原
色信息，对应 X、Y、Z 三个轴向上物体表面
的凹进凸出关系。相比较而言，Normal（法线）
贴图具有更加丰富的凹进凸出信息，推荐在
效果图制作时使用以模拟物体表面凹凸效果，
见图 4-26。

图 4-27　置换贴图参数

Displacement（置换）贴图：是一种在渲
染时由曲面添加几何细节的技术（图 4-27）。

与凹凸贴图相比，凹凸贴图仅通过改变曲面法线来创建表面细节的错
觉，位移贴图会修改曲面本身。对比效果见图 4-28。

图 4-28　置换贴图效果

原始物体　　　　　　　Bump（凹凸）效果　　　　　Displacement（置换）效果

二维码 4-7
置换贴图

具体 Displacement（置换）贴图通道由黑白贴图控制物体表面发现
方向的凹进凸出关系，其精度与贴图自身精度有关，与几何体网格精度
无关。

071

4.3.2 室内效果图常见材质表现
实例：木地板材质表现

一、制作思路分析

通过调节材质的 Diffuse、Reflection、RGlossiness、Bump 进行木地板材质的模拟表现。效果见图 4-29。

图 4-29　木地板材质效果

二、制作步骤

1. 打开配套资源中的＂场景文件＼第 4 章＼01 木地板材质案例＼木地板材质案例 .max＂。

2. 打开 Slate（节点）材质编辑器，在材质编辑器活动窗口中，单击右键，选择＂材质＂→＂V-Ray＂→＂VRayMtl＂，新建一个 VRayMtl（VRay 材质）（图 4-30、图 4-31）。

3. 在新建的材质上方，右键单击，选择＂重命名＂，将材质名称修改为＂木地板＂，以方便用名称管理材质（图 4-32）。

4. 创建 VRayHDRI 贴图节点：

①在活动视图中右键单击，选择＂贴图＂→＂V-Ray＂→＂VRayHDRI＂添加 VRayHDRI 贴图节点。按住 Shift+ 鼠标左键拖动，复制两个 VRayHDRI 贴图节点。

②重命名贴图节点，分别是 Diffuse、Reflection_Glossiness、Bump 以对应 Diffuse（漫反射）、RGlossiness（反射光泽度）和 Bump（凹凸）三个控制参数对应的贴图控制项。以上三步完成结果见图 4-33。

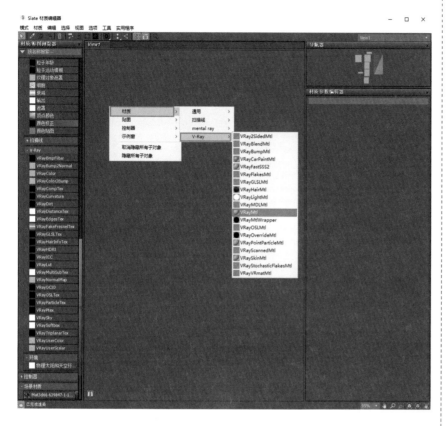

图 4-30　新建木地板材质

③连接贴图节点到所对应的参数控制项，见图 4-34。

5. 修改各节点参数：

①双击 Diffuse 贴图节点，在材质参数编辑器中找到 Bitmap 参数，通

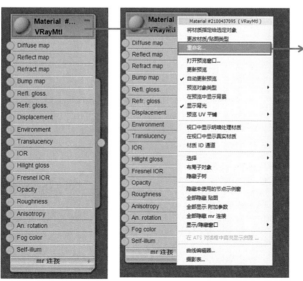

图 4-31　木地板材质节点
　　　　（左）

图 4-32　修改木地板材质
　　　　节点名称（右）

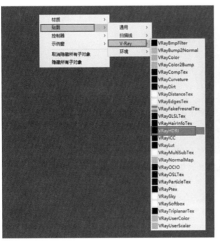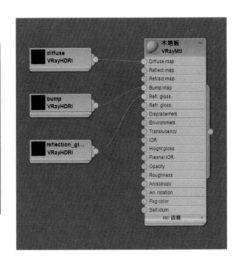

图 4-33 新建木地板贴图
节点（左）
图 4-34 连接材质节点和
贴图节点（右）

过"添加■"按钮从配套资源中的"场景文件＼第 4 章＼01 木地板材质案例＼木地板贴图＼planks_brown_10_diff_2k.jpg"添加木地板漫反射纹理贴图，并将 Color space 类型修改为"SRGB"。参数分别见图 4-35、图 4-36。

②双击 reflection_glossiness 节点，在材质参数编辑器中找到 Bitmap 参数，通过"添加■"按钮从配套资源中的"场景文件＼第 4 章＼01 木地板材质案例＼木地板贴图＼planks_brown_10_gloss_2k.jpg"添加木地板光泽度纹理贴图，其 Color space 类型保持 Inverse gamma 不变，或修改为"None"。

③双击 bump 节点，在材质参数编辑器中找到 Bitmap 参数，通过"添加■"按钮从配套资源中的"场景文件＼第 4 章＼01 木地板材质案例＼木

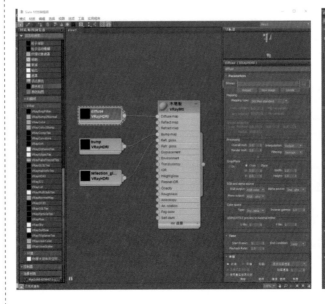

图 4-35 添加漫反射贴图
（左）
图 4-36 修改漫反射贴图
色彩空间（右）

地板贴图 \planks_brown_10_bump_2k.jpg"添加木地板光泽度纹理贴图，其 Color space 类型保持 Inverse gamma 不变，或修改为 "None"。

　　📖 **小贴士**：在当通过贴图控制相关参数时，需要针对不同的参数控制项使用不同的伽马矫正，其中 Diffuse、Reflect、Refract 等参数使用的控制贴图应使用伽马 2.2 矫正，即 sRGB 的 Color space（色彩空间）；RGlossiness、Bump、Displacement 等参数使用的控制贴图则不应使用伽马矫正，即选择 Inverse gamma（反向伽马）或 None（无）的 Color space（色彩空间）选项。这样渲染出来的效果图的光线衰减、物体颜色和凹凸效果才是正确的，否则渲染效果极不自然，见图 4-37。

图 4-37　不同的参数控制
　　　　　项使用不同的伽
　　　　　马矫正

　　为了更好地对不同类型的贴图进行 Gamma 矫正，推荐使用 VRayHDRI 节点导入图片，这样当发生 Gamma 矫正方式错误的时候，可以通过 Color space（色彩空间）中的 Type（类型）选项调整节点贴图的伽马矫正方式。

　　实例：金属材质表现

　　一、制作思路分析

　　金属材料具有非常高的反射效果，可以通过调节 IOR 进行控制，推荐大于 20 的数值。对于彩色金属而言，如黄铜、黄金等材质，其物体表面颜色由 Reflect（反射）参数颜色决定，而不是调节金属材质的 Diffuse（漫反射）参数（会导致效果不正确）。这是由金属材料本身的物理特性决定的。镜面金属材料（电镀工艺）和磨砂金属材料（磨砂工艺）可以通过调节 RGlossiness（反射光泽度）参数颜色进行控制，拉丝金属材料（拉丝工艺）则一般通过输入一张黑白贴图给 RGlossiness（反射光泽度）参数进行控制，并将贴图的 Color space（色彩空间）设置为 Inverse gamma 或 None。效果见图 4-38。

　　二、制作步骤

　　1. 打开配套资源中的 "场景文件 \ 第 4 章 \02 金属材质案例 \ 金属材质案例 .max" 文件。

　　2. 打开 Slate 材质编辑器，在活动视图中新建 VRayMtl（VRay 材质），

二维码 4-8
金属材质表现

图 4-38　金属材质效果

重命名为〝金属材质〞。

3.调节 Diffuse（漫反射）参数颜色为全黑。调节 Reflect（反射）参数颜色为金色，解锁 Fresnel IOR，调节 Reflection IOR 参数为 25。

4.新建 VRayHDRI 节点，重命名为〝反射光泽度〞，导入 Gloss 贴图到该节点，贴图所在位置〝场景文件 \ 第 4 章 \02 金属材质案例 \timg（2）.jpg〞并将其 Color space 类型指定为 None；将反射光泽度节点输出至 VRayMtl 节点的 Reflection glossiness 参数输入中。

节点效果见图 4-39。

5.将金属材质节点赋予以上场景物体上。

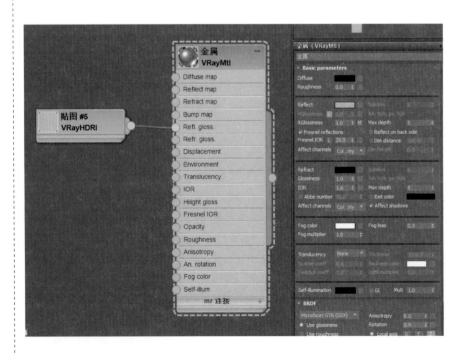

图 4-39　金属材质节点

📖 **小贴士：**

1. 金属材质的表现，除了需要调节材质的各项参数，还需要模型建模的精度较高，在物体边缘处进行一定的倒角处理，这样才能表现出物体的金属高反射质感。如果物体本身的精度不是太高，即面与面的边缘没有进行倒角处理，也可以通过 VRay 贴图中的 EdgeTex 贴图进行处理，但由于其处理方式是通过贴图模拟物体边缘的倒角效果，不建议应用在近景物体上。

2. 如果是彩色金属材质，如黄铜、黄金等材质，其物体表面颜色由 Reflect(反射)参数颜色决定，而不是调节金属材质的 Diffuse(漫反射)参数。这是由金属材料本身的物理特性决定的。

实例：玻璃材质表现

一、制作思路分析

玻璃材质具有投射效果，需要调节 VRayMtl（VRay 材质的）Refract（折射）参数。效果见图 4-40。

二维码 4-9
玻璃材质表现

图 4-40　玻璃材质效果

二、制作步骤

1. 打开配套资源中的 "场景文件 \ 第 4 章 \03 玻璃材质案例 \ 玻璃材质案例 .max"。

2. 打开 Slate 材质编辑器，在活动视图中新建 VRayMtl（VRay 材质），重命名为 "玻璃材质"。

3. 调节 Diffuse（漫反射）参数颜色为全黑。调节 Reflect（反射）参数颜色为全白。调节 Refract（折射）参数颜色为全白。调节 Fog color 参数颜色为淡绿色，调节 Fog multipier 参数为 0.05（图 4-41）。

4. 将玻璃材质节点赋予场景物体上。

图 4-41 玻璃材质节点参数

4.3.3 VRay2SidedMtl（VRay 双面材质）

VRay2SidedMtl（VRay 双面材质）是用于模拟如灯罩、纸张、布质窗帘、树叶等半透明材料。使用该类型材质，在渲染中可以看到光的背面对象。

在 Slate 材质编辑器的活动视图中，单击鼠标右键选择"材质"→"V-Ray"→"VRay2SidedMtl"即可完成双面材质的创建。参数面板见图 4-42。

● 重要参数解析

Front material（正面材质）：用于指定物体表面法线方向（正面）的材质，一般是指定一个 VRayMtl（VRay 材质）。

Back material（背面材质）：用于指定物体表面法线反向（背面）的材质，一般是指定一个 VRayMtl（VRay 材质）。

Translucency（半透明）：确定在渲染过程中相对于摄影机的哪一侧（前面或后面）更可见。可以用颜色或黑白贴图控制。默认情况下，由 50% 亮度的灰色控制，这意味着朝向摄影机的一侧和远离摄影机的一侧将以相同的程度可见。当此颜色接近黑色时，将看到更多面向摄影机的材质。当此颜色接近白色时，可以看到更多的背面材料。

图 4-42 双面材质参数

Multiply by front diffuse（乘以前漫反

射）：启用后，半透明将乘以前材质的漫反射。当渲染器设置为 GPU（VRay RT 渲染器）时，此选项不可用。

Force single-sided sub-materials（强制单面子材质）：该选项默认开启，子材质将作为单面材质渲染。不建议取消勾选。

实例：窗帘材质表现

一、制作思路分析

使用双面材质进行窗帘的制作，双面材质需要具有至少一个 VRayMtl 材质节点输入到 Front material（正面材质）参数输入项。效果见图 4-43。

二维码 4-10
窗帘材质表现

图 4-43　窗帘材质效果

二、制作步骤

1. 打开配套资源中的"场景文件 \ 第 4 章 \04 窗帘材质案例 \ 窗帘材质案例 .max"。

2. 打开 Slate 材质编辑器，在活动窗口中新建一个 VRay2SidedMtl（VRay 双面材质）节点，并将节点名称修改为"窗帘材质"。

3. 在活动窗口中新建一个 VRayMtl（VRay 材质），并将节点名称修改为"窗帘"。双击窗帘节点，在参数编辑器中调节 VRayMtl（VRay 材质）中的 Diffuse 参数，见图 4-44，调节颜色为色调 0，饱和度 0，亮度 230 的浅灰色，其他参数保持默认。

图 4-44　窗帘通用材质漫反射颜色

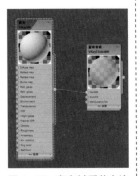

图 4-45　窗帘材质节点连接方式

图 4-46　通用材质和双面材质对比

图 4-47　LOFT 空间效果

图 4-48　混合材质参数面板

4. 如图 4-45 所示，将 VRayMtl 节点连接到 VRay2SidedMtl 的 frontMtl 控制参数上。

5. 将材质节点赋予场景对象。

📖 **小贴士**：使用 VRayMtl 材质，窗帘不透光；使用 VRay2SidedMtl 材质，窗帘透光，效果对比见图 4-46。

4.3.4　VRayBlendMtl（混合材质）

在进行工业 LOFT 风格室内空间表现时，经常会看到一些老旧的材料、物品以体现空间本身的时间感，提升空间的文化品相。同时辅以一些精致的材料、物体，在空间中产生粗糙与精细的强对比，增加空间的趣味性，见图 4-47。在效果图制作中，对于同一平面（表面）上出现不同材质的效果，我们可以使用 VRayBlendMtl（混合材质）进行模拟。

在 Slate 材质编辑器的活动视图中，单击鼠标右键选择〝材质〞→〝VRay〞→〝VRayBlendMtl〞即可完成混合材质的创建。参数面板见图 4-48。

● 重要参数解析

Base material（基础材质）：指定其他材料分层的基础材料。如果没有规定，则认为基材是完全透明的材料。

Coat materials（涂层材质）：指定用作涂层的材料。

Blend amount（混合量）：控制相应涂层材质与其下的其他材料对最终结果的贡献程度。如果混合量为白色，则最终结果仅由涂层材料组成，下面的其他材料将被阻塞。如果混合量为黑色，则涂层材料对最终结果没有影响。此参数也可以由纹理贴图控制，纹理贴图的优先级高于颜色，即使用纹理贴图控制时，颜色不生效，见图 4-49。

Additive（shallac）mode：注意，勾选该选项会导致渲染器在渲染时物理能量不正确，一般不建议使用此选项。

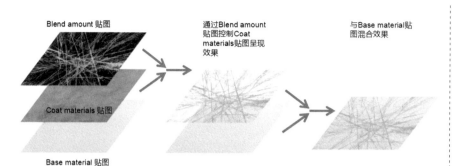

Blend amount 贴图

Coat materials 贴图

Base material 贴图

通过Blend amount
贴图控制Coat
materials贴图呈现
效果

与Base material贴
图混合效果

二维码 4-11
混合材质表现

图 4-49　混合材质原理示意

实例：混合材质表现

一、制作思路分析

使用 VRayBlendMtl，通过给 Base material（基础材质）、Coat materials（涂层材质）、Blend amount（混合量）以不同的材质贴图进行老旧材质的模拟表现（图 4-50）。

二、制作步骤

1. 打开配套资源中的 "场景文件 ＼第 4 章 ＼05 混合材质案例 ＼混合材质案例 .max"。

2. 打开 Slate 材质编辑器，在活动窗口中新建 VRayBlendMtl 材质节点，重命名为 "墙体混合材质"。

图 4-50　混合材质效果

3. 在活动窗口中新建 VRayMtl 材质节点，重命名为 "墙体基层材质"，通过 VRayHDRI 贴图节点添加 Diffuse（漫反射）贴图、Bump（凹凸）贴图和 RGlossiness（反射光泽度）贴图，Reflet 为白色。

贴图所在的位置分别为：场景文件 ＼第 4 章 ＼05 混合材质案例 ＼base 通道材质文件夹中的 concrete_floor_02_diff_2k.jpg、concrete_floor_02_bump_2k.jpg 和 concrete_floor_02_gloss_2k.jpg。

4. 在活动窗口中新建 VRayMtl 材质节点，重命名为 "墙体涂层材质"，在活动窗口中新建 VRayMtl 材质节点，重命名为 "墙体基层材质"，通过 VRayHDRI 贴图节点添加 Diffuse（漫反射）贴图、Bump（凹凸）贴图和 RGlossiness（反射光泽度）贴图，Reflet 为白色。

贴图所在的位置分别为：场景文件 ＼第 4 章 ＼05 混合材质案例 ＼coat 通道材质文件夹中的 white_bricks_diff_2k.jpg、white_bricks_bump_2k.jpg 和 white_bricks_gloss_2k.jpg。

5. 通过在空白处单击鼠标右键，"新建贴图" → "通用" → "泼溅贴图"，重命名为 "墙体涂层混合量"，调整大小为 2000，迭代次数为 5，阈值为 0.25，颜色 #1 为白色，颜色 #2 为黑色。将 Splat（泼溅）贴图节点输出到 VRayBlendMtl（墙体混合材质）节点中的 Blend1 参数中。参数见图 4-51。

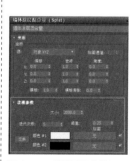

图 4-51　泼溅贴图参数设置

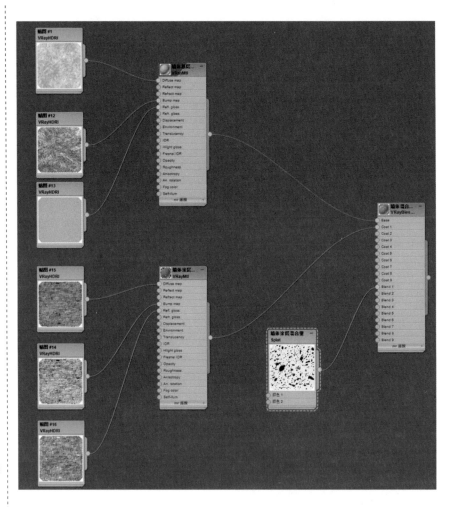

图 4-52　混合材质节点连接方式

6.调节完成后其节点结构见图 4-52。

📖 **小贴士**：在进行混合材质编辑的时候，我们可以使用 3ds Max 自带的程序纹理作为 Coat materials（涂层材质）的混合量，程序纹理的使用方法参见程序纹理贴图部分内容。

4.3.5　程序纹理贴图

在 3ds Max 材质系统中自带了非常多的程序纹理贴图可以应用于常规的贴图制作中，以节约大量寻找位图贴图素材的时间。程序纹理贴图既可以使用相应参数控制项对贴图的样貌进行灵活调节的贴图类型，也可以作为 VRay 材质的输入项使用，如 Marble（大理石）、Noise（噪波）、Tiles（平铺）等程序纹理贴图。根据编者实际工作经验，将常用贴图的作用大致分为三种，见图 4-53。限于本书篇幅，参数相似的贴图类型仅介绍其中一种。

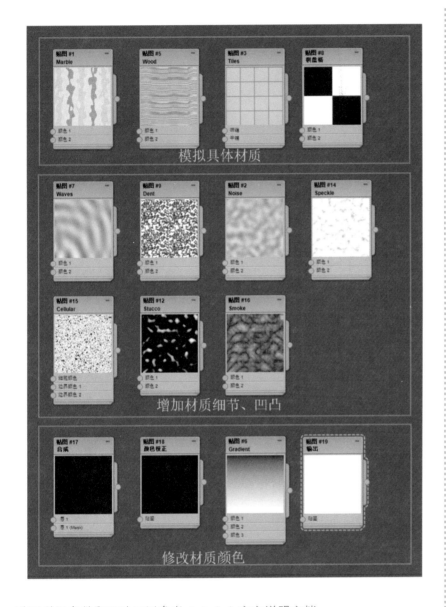

图 4-53　常用程序纹理贴图及分类

贴图详细参数和用法可以参考 Autodesk 官方说明文档。

　　📖 **小贴士**：*程序纹理贴图本身的作用是通过多种方式得到一张满足实际工作需求的图像（图片），其功能与位图一样，不局限于编者所列分类作用。*

　　一、平铺（Tiles）贴图

　　● 重要参数解析

　　1.＂标准控制＂卷展栏

　　通过选择不同的预设类型，可以快速调节平铺材质的纹理样式，见图 4-54。

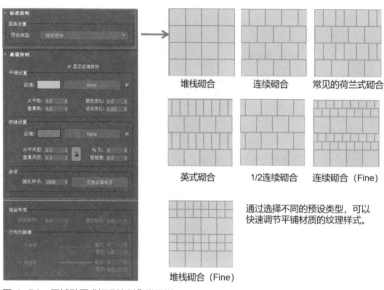

图 4-54　平铺贴图"标准控制"卷展栏

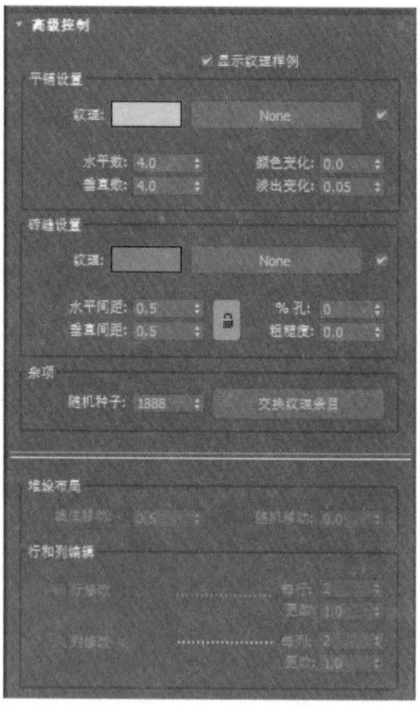

通过选择不同的预设类型，可以快速调节平铺材质的纹理样式。

图 4-55　平铺贴图"高级控制"卷展栏

2 ."高级控制"卷展栏（图 4-55）。

• "平铺设置"组

纹理：指定瓷砖的颜色或纹理贴图。

水平数：控制瓷砖的行数。

垂直数：控制瓷砖的列数。

颜色变化：该参数值越大，颜色在各个瓷砖之间的变化就越大。如图 4-56 所示，范围在 0.0~100.0 之间。默认值为 0.0。

淡出变化：该参数值越大，各个瓷砖的颜色"淡出"或稀释的程度就越大。如图 4-57 所示，范围在 0.0~100.0 之间。默认值为 0.05。

• "砖缝设置"组

纹理：指定砖缝的颜色或纹理贴图。

水平间距：控制瓷砖间的水平砖缝的大小。在默认情况下，将此值锁

图 4-56　平铺贴图颜色变化参数

图 4-57　平铺贴图淡出变
化参数

定给垂直间距，因此当其中的任一值发生改变时，另外一个值也将随之改变。单击锁定图标，将其解锁。

　　垂直间距：控制瓷砖间的垂直砖缝的大小。在默认情况下，将此值锁定给水平间距，因此当其中的任一值发生改变时，另外一个值也将随之改变。单击锁定图标，将其解锁。

　　% 孔：设置由丢失的瓷砖所形成的孔占瓷砖表面的百分比。砖缝穿过孔显示出来。

二、细胞（Cellular）贴图

　　细胞贴图是一种程序贴图，生成用于各种视觉效果的细胞图案，见图 4-58。常用其模拟陶瓷锦砖、鹅卵石表面及海洋表面等效果。

　　细胞参数面板见图 4-59。

　　● 重要参数解析

　　细胞颜色：为细胞选择一种颜色，该参数可以有一张贴图控制，贴图优先级高于颜色控制项。

　　复选框：启用此选项后，启用贴图。禁用此选项后，禁用贴图（细胞颜色恢复为色样中指定的颜色）。

图 4-58　细 胞 贴 图 效 果
　　　　（左）
图 4-59　细 胞 贴 图 参 数
　　　　（右）

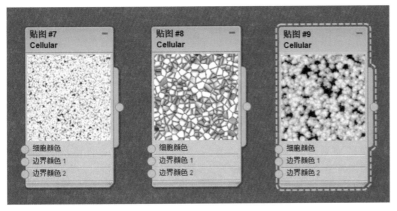

变化：通过随机改变 RGB 值而更改细胞的颜色。变化越大，随机效果越明显。此百分比值可介于 0~100 之间。值为 0 时，色样或贴图可完全确定细胞颜色。默认值为 0。

分界颜色：这些控件指定细胞间的分界颜色。细胞分界是两种颜色或两个贴图之间的斜坡。该参数可以有一张贴图控制，贴图优先级高于颜色控制项。

复选框：启用此选项后，启用贴图。禁用此选项后，禁用贴图（细胞颜色恢复为色样中指定的颜色）。

细胞特性：这些控件更改细胞的形状和大小。

圆形／碎片：用于选择细胞边缘外观。使用"圆形"时，细胞为圆形。这提供一种更为有机或泡状的外貌。使用"碎片"时，细胞具有线性边缘。这提供一种更为零碎或马赛克的外观。默认设置为"圆形"。

大小：更改贴图的总体尺寸。调整此值使贴图适合几何体。默认值为 5.0。

扩散：更改单个细胞的大小。默认值为 0.5。

凹凸平滑：将细胞贴图用作凹凸贴图时，在细胞边界处可能会出现锯齿效果。如果发生这种情况，请增加该值。默认值为 0.1。

分形：将细胞图案定义为不规则的碎片图案，因此能够产生以下三种其他参数。默认设置为禁用状态。

迭代次数：设置应用分形函数的次数。注意：增大此值将增加渲染时间。默认值为 3.0。

自适应：启用此选项后，分形迭代次数将自适应地进行设置。也就是说，几何体靠近场景的观察点时，迭代次数增加；而几何体远离观察点时，迭代次数降低。这样可以减少锯齿并节省渲染时间。默认设置为启用。

粗糙度：将细胞贴图用作凹凸贴图时，此参数控制凹凸的粗糙程度。"粗糙度"为 0 时，每次迭代均为上一次迭代强度的一半，大小也为上一次的一半。随着"粗糙度"的增加，每次迭代的强度和大小都更加接近上一次迭代。当"粗糙度"为最大值 1.0 时，每次迭代的强度和大小均与上一次迭代相同。实际上，这样便禁用了"分形"。迭代次数如果小于 0.0，那么"粗糙度"没有任何效果。默认值为 0.0。

阈值：这些控件影响细胞和分界的相对大小。它们表示为默认算法指定大小的规格化百分比（0~1）。

低：调整细胞大小。默认值为 0.0。

中：相对于第二分界颜色，调整最初分界颜色的大小。默认值为 0.5。

高：调整分界的总体大小。默认值为 1.0。

三、衰减（Falloff）贴图

衰减贴图可以用来控制材质由强烈到柔和的过渡效果，使用频率比较高，其参数面板见图 4-60。

- 重要参数解析

前：通过颜色或贴图控制视线与物体表面法线的角度为 0°。

侧：通过颜色或贴图控制视线与物体表面法线的角度为 90°。

衰减类型：设置衰减的方式，共有以下 5 种。

垂直／平行：在与衰减方向相垂直的面法线和与衰减方向平行的法线之间设置角度衰减范围。

朝向／背离：在面向衰减方向的面法线和背离衰减方向的法线之间设置角度衰减范围。

Fresnel：基于 IOR（折射率）在面向视图的曲面上产生暗淡反射，而在有角度的面上产生较明亮的反射。

阴影／灯光：基于落在对象上的灯光，在两个子纹理之间进行调节。

距离混合：基于"近端距离"值和"远端距离"值，在两个子纹理之间进行调节。

衰减方向：设置衰减的方向。

实例：丝绸材质练习

一、制作思路分析

通过使用噪波（Noise）程序纹理模拟丝绸表面细微凹凸效果，并提高反射 IOR 模拟丝绸材质高反光特性。效果见图 4-61。

二、制作步骤

1. 打开配套资源中的"场景文件＼第 4 章＼06 丝绸材质案例"。

2. 打开 Slate 材质编辑器，在活动视图中新建 VRayMtl（VRay 材质），重命名为"丝绸材质"。

3. 调节 Diffuse（漫反射）参数颜色为蓝色丝绸颜色（HSB 数值为 153，223，104）；调节 Reflect（反射）参数颜色为白色；调节 IOR 为 3.0；调节"BRDF"卷展栏中的 Anisotropy（各项异形）为 0.5，见图 4-62。

4. 新建噪波（Noise）材质节点，调节大小为 300。将噪波（Noise）节点输出至丝绸材质 RGlossiness 通道中。

5. 将材质赋予丝绸物体上。

4.4　贴图坐标

贴图坐标可以控制贴图在模型上的显示方式，使贴图更贴合模型。本节将介绍一种常用的贴图坐标修改器，即"UVW 贴图"修改器。

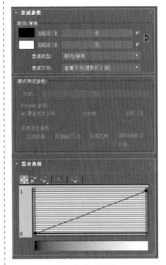

图 4-60　衰减贴图参数

图 4-61　丝绸材质效果

图 4-62　丝绸材质参数调节

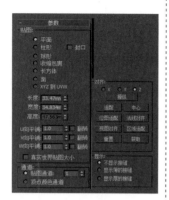

图 4-63 "UVW 贴图"修改器
参数

图 4-64 平面方式原理示意

"UVW 贴图"修改器

"UVW 贴图"修改器是最基本的贴图坐标。选中模型后通过"修改"命令面板添加该命令。然后在"修改器堆栈"中选择"UVW 贴图"选项,参数面板见图 4-63。

● 重要参数解析

平面:以平面方式投影贴图,当我们只需要控制对象的一个面的贴图时选择此方式,比如室内的地面贴图。平面贴图方式见图 4-64。

柱形:以圆柱体方式投影贴图来包裹对象。可以看到位图有明显的接缝(使用无缝贴图除外)。此贴图方式用于对象形状接近圆柱体的。柱形贴图方式见图 4-65。

球形:以球体方式投影贴图来包裹对象。在球体顶部和底部,位图边与球体两极交汇处会看到接缝和贴图奇点。此贴图方式用于接近球体的基本形状。球形贴图方式见图 4-66。

收缩包裹:以球形方式贴图,但是它会截去贴图的各个角,然后在一个单独极点汇合,只有一个奇点。收缩包裹贴图方式见图 4-67。

长方体:以长方体方式从六个侧面投影贴图。每个侧面投影为一个平面贴图。此贴图方式用于接近长方体的基本形状。长方体贴图方法见图 4-68。

其他两种"面"和"XYZ 到 UVW"贴图方式在效果图制作中不常用,在此不作介绍了。

长度/宽度/高度:指定"UVW 贴图"Gizmo 的尺寸。

U 向平铺/V 向平铺/W 向平铺:用于指定贴图的平铺尺寸,从而控制贴图的重复数量。

贴图通道:设置贴图通道,按默认通道 1 即可。

X/Y/Z:选择其中一个轴向,即指定 Gizmo 的哪个轴与对象的局部 Z 轴对齐。

适配:将 Gizmo 居中适配到对象的位置范围。

居中:移动 Gizmo 使其中心与对象的中心一致。

重置:恢复到最初指定 UVW 时的位置及大小。

图 4-65 柱形方式原理
示意

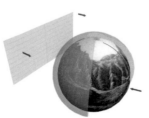

图 4-66 球形方式原理
示意

图 4-67 收缩包裹方式原理
示意

图 4-68 长方体方式原
理示意

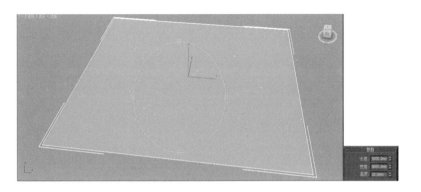

图 4-69 创建地面（左）

图 4-70 地面贴图参数设置（右）

实例：用"UVW 贴图"修改器制作地面贴图

制作步骤：

1. 在场景中制作长宽 5000mm、高 10mm 的长方体模拟地面，见图 4-69。

2. 制作地面材质，在"漫反射"通道里加载 Tiles 贴图类型，Tiles 贴图高级参数面板调整见图 4-70。将此材质赋予地面。纹理贴图位置为：场景文件 \ 第 4 章 \07 米黄 .jpg。

3. 给地面加载"UVW 贴图"修改器，设置参数见图 4-71。

4. 渲染场景效果见图 4-72。

图 4-71 编辑地面"UVW 贴图"修改器（左）

图 4-72 地面渲染效果（右）

本章小结

本章主要讲述了节点材质编辑器的界面及构成框架，重点讲述常见材质与贴图的理论参数设置原理，结合 VRay 渲染器表现出极其逼真的材质效果。

5

第 5 章
摄影机

学习目标:

掌握室内效果图表现中常用的构图规则和
VRay 摄影机的使用方法。

学习要点:

1. VRay 摄影机的运用。

2. 室内效果图构图原则。

5.1 摄影机

3ds Max 是对于真实世界的模拟，而与真实世界一样，要想使用 3ds Max 输出一张角度合适、光影效果较好的效果图，也需要在场景中使用一个或多个摄影机，对其进行角度、曝光、白平衡等参数的调节，才能渲染输出一张构图合适的效果图（图 5-1、图 5-2）。

5.2 摄影机类型

3ds Max 中有两种摄影机：

1. 物理摄影机：建立一种与真实世界相类似的摄影机物体，有较多参数用来控制渲染图的曝光、快门速度、光圈、景深等内容。因其参数控制

图 5-1 优秀效果图案例 1

图 5-2 优秀效果图案例 2

项更为丰富，是用于基于物理的真实照片级渲染的最佳摄影机类型，在效果图渲染中，更推荐使用物理摄影机用于构图等控制。

　　📖 **小贴士：** 物理摄影机功能的支持级别取决于所使用的渲染器。VRay3.6 for 3ds Max 可以很好地支持物理摄影机。

　　2. 传统摄影机：老版本的 3ds Max 软件中的摄影机功能，其界面更简单，只有较少控件。包括自有摄影机和目标摄影机。

5.3　物理摄影机创建方式

　　1. 通过创建面板进行摄影机的创建：″创建″面板→″摄影机″→″对象类型″卷展栏→″物理″。

　　2. 通过快捷键进行摄影机的创建：在透视图视口中使用 3ds Max 提供的创建摄影机的快捷键——″Ctrl+C″进行摄影机创建。在 3ds Max 2017 软件中，该快捷键默认创建物理摄影机。具体操作流程如下：

　　（1）激活″透视″视口。

　　（2）根据需要,使用″平移″″缩放″和″动态观察″或者″ViewCube″来调整视口，直至获得满意的视图。

　　（3）保持视口处于活动状态，在″视图″菜单上选择″从视图创建物理摄影机″或按″Ctrl+C″。

　　（4）3ds Max 会创建一个新的物理摄影机，并将其视图与透视视口的视图相匹配，然后切换透视视口至摄影机视口，显示来自新摄影机的视图。

二维码 5-1
物理相机参数设置

5.4　物理摄影机参数

　　物理摄影机中包括基本、物理摄影机、曝光、散景（景深）、透视控制、镜头扭曲、其他、VRay Properties（VRay 属性）（图 5-3）。

5.4.1　″基本″卷展栏

　　目标：勾选时可以输入目标距离，单位为场景单位。取消勾选时，只能通过视图中的物理摄影机目标点进行目标距离的控制。

　　显示圆锥体：用于指定摄影机视野范围的预览方式，包括选定时（默认）、始终和从不（不推荐）。

　　📖 **小贴士：** 基本参数一般不作调整。

图 5-3　物理摄影机参数

图5-4 "物理摄影机"卷展栏

5.4.2 "物理摄影机"卷展栏

"物理摄影机"卷展栏用于控制物理摄影机的绝大部分参数（图5-4）。

1.胶片／传感器：用于指定物理摄影机感光部件的尺寸，默认是35mm（全画幅）摄影机感光部件尺寸。在制作常规效果图和室内动画表现时不作调整。

2.镜头：用于调节。

3.焦距：与真实摄影机相一致，通过调节物理摄影机的焦距大小，调节摄影机的视野范围。数值越小，视野范围越大，但会产生较为明显的透视畸变。在室内设计中，一般24mm、35mm和50mm较为常用。

4.指定视野：通过调节该数值，调节摄影机的视野范围。数值越大，视野范围越大。

📖**小贴士**：当"指定视野"处于启用状态时，"焦距控件"将被禁用。但是，更改其中一个控件的值也会更改其他控件的值。

5.缩放：在不更改摄影机位置的情况下缩放镜头。"缩放"提供了一种裁剪渲染图像而不更改任何其他摄影机效果的方式。例如，更改焦距会更改散景效果（因为它可以改变光圈大小），但不会更改缩放值。

6.光圈：与真实摄影机相一致，光圈是用于控制进光量和景深的参数，其使用的单位是 F 值。F 值越小，光圈越大，景深越浅，图像亮度越高。

7.使用目标距离：使用"目标距离"作为对焦距离（如开启景深效果，则该距离内物体清晰）。

8.自定义：使用不同于"目标距离"的对焦距离进行对焦。焦距选中"自定义"后，允许自设置对焦距离。对焦距离所在平面（焦平面）在视口中显示为透明矩形，以摄影机视图的尺寸为边界。

9.镜头呼吸：通过将镜头向焦距方向移动或远离焦距方向来调整视野。镜头呼吸值为0.0表示禁用此效果。默认值为1.0。

10.启用景深：启用时，摄影机在不等于焦距的距离上生成模糊效果。景深效果的强度基于光圈设置。默认设置为禁用（图5-5）。

📖**小贴士**：一般在进行室内效果图制作时不再渲染景深效果，而是通过后期的方式模拟摄影机景深效果。后期模拟景深效果将在第8章进行讲解。

11.类型：选择测量快门速度使用的单位：帧（默认设置），通常用于计算机图形；秒或分秒，通常用于静态摄影；或度，通常用于电影摄影。

12.持续时间：根据所选的单位类型设置快门速度。该值可能影响曝光、景深和运动模糊。

13.偏移：启用时，指定相对于每帧的开始时间的快门打开时间。更改此值会影响运动模糊。默认的"偏移"值为0.0，默认设置为禁用。

图 5-5 景深效果对比

14. 启用运动模糊：启用此选项后，摄影机可以生成运动模糊效果。默认设置为禁用。在室内效果图制作中一般不用改选项。

5.4.3 "曝光"卷展栏

"曝光"卷展栏用于控制渲染画面的明亮程度，如图 5-6 所示。

安装曝光控制：单击以使物理摄影机曝光控制处于活动状态。

图 5-6 "曝光"卷展栏

如果物理摄影机曝光控制已处于活动状态，则会禁用此按钮，其标签将显示"曝光控制已安装"。如果其他曝光控制处于活动状态，该卷展栏中的其他控制将处于非活动状态。默认情况下，此卷展栏上的设置将覆盖物理摄影机曝光控制的全局设置。还可以设置物理摄影机曝光控制，以替代单个摄影机曝光设置。

1. 手动：通过 ISO 值设置曝光增益。当此选项处于活动状态时，通过此值、快门速度和光圈控制图像曝光程度。该数值越高，进光量越多，图像越亮。

2. 目标（默认设置）：设置与三个摄影曝光值的组合相对应的单个曝光值设置。该数值越大，图像越暗；数值越小，图像越亮。室内场景中一般使用 9.48 的 EV 值较为合适（图 5-7），室外场景一般使用 14.42 的 EV 值较为合适（图 5-8）。

3. 白平衡：调整色彩平衡。一般通过 VRay frame buffer 中的 Correction control（校正控制）或 Photoshop 进行白平衡调整。

4. 光源（默认设置）：按照标准光源设置色彩平衡。默认设置为"日光"（6500K）。

5. 温度：以色温的形式设置色彩平衡，以开尔文度表示。

6. 自定义：用于设置任意色彩平衡。单击色样以打开"颜色选择器"，可以从中设置希望使用的颜色。

7. 启用渐晕：启用时，渲染模拟出现在胶片平面边缘的变暗效果。增加此数量以增加渐晕效果。默认值为 1.0。一般不再渲染图中计算渐晕效果，

图 5-7 室内场景 9.48EV

图 5-8 室外场景 14.42EV

图 5-9 "散景（景深）"卷
展栏

可以使用 Photoshop 后期调整增加渐晕效果。

📖 **小贴士**：要在物理上更加精确地模拟渐晕，请使用"散景（景深）"
卷展栏上的光学渐晕（猫眼）控制。

5.4.4 "散景（景深）"卷展栏

　　该卷展栏是用于设置景深效果的参数集合，由于实际工作流程中为了
有更高的容错率，一般不在 3ds Max 软件中进行景深效果的计算，故略过
该部分内容（图 5-9）。

5.4.5 "透视控制"卷展栏

　　该卷展栏一般用于对摄影机垂直方向的透视变形进行矫正，可以生成
两点透视或一点透视（图 5-10）。

1.″镜头移动″组：这些设置将沿水平或垂直方向移动摄影机视图，而不旋转或倾斜摄影机。在 X 轴和 Y 轴，它们将以百分比形式表示膜／帧宽度（不考虑图像纵横比）。

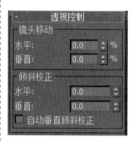

图 5-10 ″透视控制″卷展栏

2.″倾斜校正″组：这些设置将沿水平或垂直方向倾斜摄影机。可以使用它们来更正透视，特别是在摄影机已向上或向下倾斜的场景中（图 5-11）。

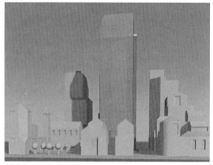

左：无校正；右：垂直校正 =0.3

图 5-11 倾斜校正对比

3. 自动垂直倾斜校正：启用时，请将″倾斜校正″″垂直″值设置为沿 Z 轴对齐透视。默认设置为禁用。

5.4.6 ″镜头扭曲″卷展栏（物理摄影机）

该卷展栏用于对镜头产生一定程度的扭曲效果，实际室内设计效果图制作工作流程中一般不进行镜头扭曲，故不进行展开讲解。

5.4.7 ″其他″卷展栏

1.″剪切平面″组（图 5-12）。

（1）启用：启用此项可启用此功能。在视口中，剪切平面在摄影机锥形光线内显示为红色的栅格。

（2）近和远：设置近距和远距平面，采用场景单位。对于摄影机，比近距剪切平面近或比远距剪切平面远的对象是不可视的。″远距剪切″值的限制为 10~32 的幂之间。

（3）近距剪切平面可以距摄影机 0.1 个单位。

（4）警告：极大的″远距剪切″值可以产生浮点错误，该错误可能引起视口中的 Z 缓冲区问题，如对象显示在其他对象的前面，而这是不应该出现的。

2.″环境范围″组：

近距范围和远距范围：确定在″环境″面板上设置大气效果的近距范

图 5-12 剪切平台参数

围和远距范围限制。两个限制之间的对象将在远距值和近距值之间消失。这些值采用场景单位。默认情况下，它们将覆盖场景的范围。

5.5 物理摄影机参数设置

5.5.1 室内场景物理摄影机参数设置

1. "基本"卷展栏保持默认。

2. 调整"物理摄影机"卷展栏中镜头的焦距，一般室内场景中的焦距在 18~35mm，局部特写可使用 35~50mm 的焦距。

3. "曝光"卷展栏中，安装曝光控制，并将 EV 值设置为 9.48。

4. "透视控制"卷展栏中勾选"自动垂直倾斜校正"。

具体设置见图 5-13。

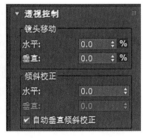

图 5-13 室内场景物理摄影机参数设置

5.5.2 室外场景物理摄影机参数设置

1. "基本"卷展栏保持默认。

2. 调整"物理摄影机"卷展栏中镜头的焦距，一般室外场景中的焦距在 24~50mm。

3. "曝光"卷展栏中，安装曝光控制，并将 EV 值设置为 14。

图 5-14　室外场景物理摄
影机参数设置

4．"透视控制"卷展栏中勾选"自动垂直倾斜校正"。

具体设置见图 5-14。

5.6　室内效果图构图原则

在室内效果图方面每一位表现师都有着属于自己的那一份热情与执着，通过不断磨炼自身的技艺，对"美"的认识提高，通过项目作品，表达个人在空间上的见解，让效果图作品能够更加具有思想以及意图，简单地说就是创作一幅能够"说话"的效果图作品。那么怎样才能构造出这样一幅图呢？你需要知道这些。

什么是构图？

对于构图，是在一定的空间当中，安排和处理好人、物关系和位置，把某些零散的局部组成整体的艺术，简单地说就是安排人物、景物在画面当中的位置，让它们看起来最佳的方法。

5.6.1　构图的形式

构图的形式可以是较多的，当然也是根据不同的事物进行调整的，构图可以大体分为两个部分，一部分是针对"人像"方面的，而另一部分则是针对"空间景物"方面的，下面分享几种简单且实用的构图方式。

1．三分法

将摄影的画面横向与纵向平均分割成三分，在横纵向线条所交叉点，称为趣味中心，趣味中心永远是最先被目光注视的位置，因此尽可能地将

图 5-15　三分法构图

主体安排到距趣味中心较近的地方，使用该构图方式，制作一些小角度或陈设品展示的效果图是一个不错的选择（图 5-15）。

2. 框架式

框架是在人像方面常用的构图方式，同时也是经典的构图方式之一，当通过窗户、门框、桥洞等具有镂空造型的洞口，便可以通过该构图形式进行被摄主体的选择与取舍（图 5-16）。

3. 均衡式

均衡式构图给人以饱满充实的感觉，很巧妙地安排空间当中所有的陈设和家具，这其中还对应着平衡和对比上的一些原理，总之让图面中的事物看着是平稳的，有变化与节奏感（图 5-17）。

4. 对称式

图 5-16　框架式构图（左）
图 5-17　均衡式构图（右）

中式空间当中可以说无处不在地使用对称的方式，这主要和中式的布局方式有很大的关系，客厅以及茶室常用这种经典的构图形式（图 5-18）。

图 5-18　对称式构图（左）
图 5-19　1.1~1.3m 摄影机
　　　　高度效果（右）

5.6.2　摄影机视角

　　在室内效果图表现中，大多数场景的摄影机的高度是据地 1.1~1.3m，目标点轻微向上，形成仰视效果。这是为了获得更强的视觉冲击力，能够使空间看起来更大（图 5-19）。

　　但 1.5~1.6m 的摄影机据地高度在效果图表现中也比较常见，这个范围更加符合人的视觉效果（图 5-20）。

　　对于共享空间，可以使用竖向构图，并让摄影机距离地面更高一些，以完整表达室内空间的整体效果（图 5-21）。

图 5-20　1.5~1.6m摄影机
　　　　高度效果（左）
图 5-21　竖向构图效果
　　　　（右）

本章小结

　　本章重点介绍 VRay 物理摄影机在室内效果图制作中的创建与调整技巧，使读者体会到不同角度摄影机构图产生的画面烘托力，结合实景的调整需要，选择合适的构图。

第6章
室内布光技术

学习目标：

掌握室内空间的布光思路与技术。

学习要点：

1. 不同类型灯光的创建方法。

2. 模拟真实灯光的思路。

3. 灯光的高级综合运用。

6.1 3ds Max 灯光系统

在效果图布光过程中，经常使用 3ds Max 灯光系统中的灯光进行现实模拟。接下来将重点介绍效果图常用的"泛光灯""目标聚光灯""目标平行光"和"目标灯光"，通过对这 4 种灯光的学习，读者必须理解和掌握灯光的一些基本概念和专业术语并熟悉灯光的参数，为以后的效果图布光奠定基础。

6.1.1 泛光灯

"泛光灯"常用作模拟灯泡发出的光效，其特点是向四周发光，没有目标性。在建模过程中常用泛光灯做简单的场景照亮。参数面板见图 6-1。

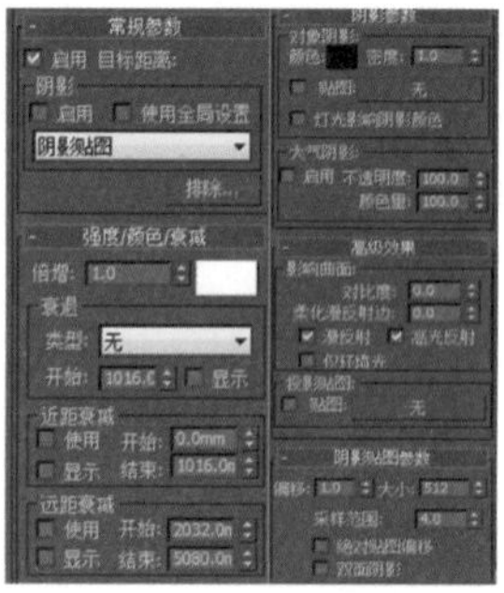

- 重要参数解析

启用：控制是否开启灯光。

阴影：启用阴影后，通过切换阴影的类型得到不同的阴影效果。通常选用"VRay 阴影"选项。

排除：将选定的对象排除于灯光效果之外。

倍增：控制灯光的强弱程度。

颜色：用来设置灯光的颜色。

衰减：用来调整灯光的纵向强弱变化，从而控制灯光的照射范围。具体变化过程见图 6-2。

阴影参数：调整阴影的颜色和浓密程度。

对比度：调整漫反射区域和环境光区域的对比度。

柔化漫反射边：增加该选项的数值，可以柔化曲面的漫反射区域和环境光区域的边缘。

漫反射：开启该选项后，灯光将影响曲面的漫反射属性。

高光反射：开启该选项后，灯光将影响曲面的高光属性。

仅环境光：开启该选项后，灯光仅影响照明的环境光。

图 6-1 "泛光灯"参数面板

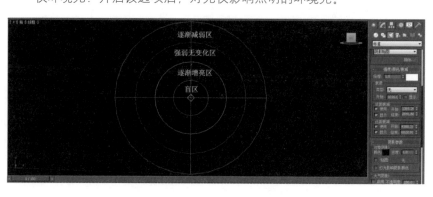

图 6-2 衰减参数展示

6.1.2　目标聚光灯

"目标聚光灯"常用于模拟舞台、手电筒、吊灯等发射出的光效。其特点是有目标性的发光。参数面板见图6-3。

● 重要参数解析

使用全局设置：如果启用该选项，该灯光投射的阴影将影响整个场景的阴影效果；如果关闭该选项，则必须选择渲染器所使用产生阴影的方式。

显示光锥：控制是否在视图中开启聚光灯的圆锥显示。

泛光化：开启该选项，聚光灯将变成泛光灯的发光效果。

聚光区／光束：用来调整聚光灯圆锥体的角度，此区域灯光无衰减。

衰减区／区域：设置灯光衰减区的角度，此区域灯光开始由强逐渐变弱。

圆／矩形：选择聚光区和衰减区的形状。

纵横比：设置矩形光束的纵横比。

位图拟合：用制订的位图来匹配矩形光束的纵横比。

图6-3　"目标聚光灯"参数面板

6.1.3　目标平行光

"目标平行光"常用于模拟太阳发出的光效，其参数与"目标聚光灯"基本相同。参数面板见图6-4。

● 重要参数解析（同其他灯光的参数，略）

区域阴影：当灯光选择了 VRay 阴影时，勾选此项可以通过选择盒体（Box）和球体（Sphere）这两种方式来控制阴影的效果。

盒体：立方体光源。

球体：球体光源。

U/V/W 向尺寸：控制阴影边缘的模糊程度，数值越大，阴影模糊边缘越大。比较阴影效果见图6-5、图6-6。

细分：与其他属性的细分值类似，值越大，噪点越低，需要的渲染时间越长。

图6-4　"目标平行光"参数面板

图6-5　U/V/W 向尺寸锐利阴影（左）

图6-6　U/V/W 向尺寸柔和阴影（右）

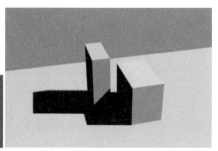

图6-7 "目标灯光"
参数面板

图6-8 "光度学 Web"
卷展栏

6.1.4 目标灯光

"目标灯光"属于光度学灯光，常用于模拟效果图中筒灯或射灯产生的光效。此灯光搭配不同的 IES 光域网文件，用于实现不同射灯光速散射的形状。参数面板见图6-7。

● 重要参数解析

灯光分布类型列表：设置灯光分布类型，包括"光度学 Web""聚光灯""统一漫反射"和"统一球形"4种类型。选择"光度学 Web"选项会自动加载"分布（光度学 Web）"卷展栏，见图6-8。在"选择光度学文件"选项中可加载外部 IES 文件。

过滤颜色：使用颜色过滤器来模拟置于灯光上的过滤色效果。

lm（流明）：测量整个灯光（光通量）的输出功率。100W 的通用灯泡约 1750lm 的光通量。

cd（坎德拉）：用于测量灯光的最大发光强度，通常沿着瞄准发射。100W 的通用灯泡的发光强度约为 139cd。

lx（lux）：测量由灯光引起的照度，该灯光以一定距离照射在曲面上，并面向灯光的方向。

实例：用目标灯光模拟射灯

制作步骤：

1. 用长方体创建一简单场景，并创建目标灯光，见图6-9。

2. 修改"目标灯光"参数见图6-10。光域网文件为配套资源中的"第6章 \ 光度学文件 \11.ies"。

3. 渲染场景，效果见图6-11。

实例：用目标平行光模拟太阳光

制作步骤：

1. 打开配套资源中的"第6章 \ 平行光模拟太阳光 .max"文件，见图6-12。

2. 在顶视图中创建目标平行光，各视图位置见图6-13。

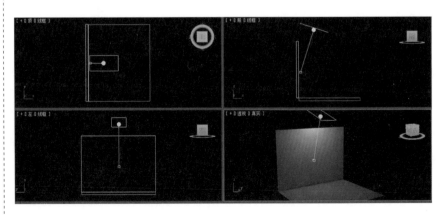

图6-9 目标灯光模拟射灯
灯光创建

3．选择刚创建的平行光进入修改面板，设置参数见图 6-14。

4．渲染场景，效果见图 6-15。

6.2　VRay 灯光系统

6.2.1　VRay 灯光介绍

VRay 灯光系统提供了种类更为多样的灯光照明方式，能够更加准确地对现实物理世界的光影效果进行模拟，通过 VRay 灯光进行室内场景照明模拟，是效果图绘制工作中最常用的布光方法。

图 6-10　目标灯光参数设置

图 6-11　目标灯光模拟射灯渲染效果（左）

图 6-12　目标平行光模拟太阳光灯光创建（右）

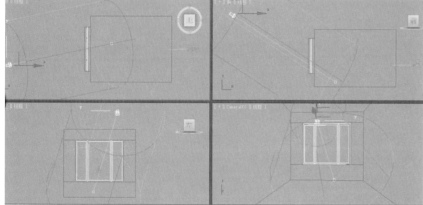

图 6-13　目标平行光空间位置

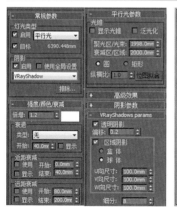

图 6-14　目标平行光参数设置（左）

图 6-15　目标平行光模拟太阳光渲染效果（右）

二维码 6-1
灯光介绍

图 6-17　3ds Max 创建面板
创建 VRay 灯光

图 6-18　"平板灯光"参数
面板

在 VRay 灯光系统中，提供了 VRay 灯光（VRay Light）、VRay IES 灯光（VRay IES Light）、VRay 环境灯光（VRay Ambient Light）和 VRay 太阳光（VRay Sun）四种不同的灯光种类，VRay Light 又进一步细分，提供了平面灯光（Plane Light）、球形灯光（Sphere Light）、穹顶灯光（Dome Light）、网格灯光（Mesh Light）、圆盘灯光（Disc Light）五种不同的灯光类型。

VRay 常用灯光可以通过 VRay tool 中的灯光工具进行快速创建（图 6-16）。也可以通过 3ds Max 创建面板中的灯光选项卡创建 VRay 灯光类型（图 6-17）。

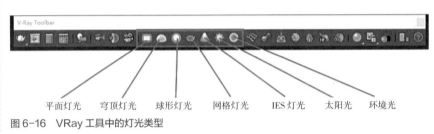

平面灯光　穹顶灯光　球形灯光　网格灯光　IES 灯光　太阳光　环境光

图 6-16　VRay 工具中的灯光类型

6.2.2　Plane Light（平板灯光）

"平板灯光"可以模拟室外太阳光、灯带等灯光效果。

在 V-Ray Toolbar 中点击 VRay 图标，可以进行"平板灯光"的创建，创建方法类似于 3ds Max 平面物体的创建，在视图中鼠标左键拖拽创建即可。选中所创建的"平板灯光"进入修改器命令面板，参数面板见图 6-18。

● 重要参数解析

1."General（通用参数）"卷展栏（图 6-19）

① On：灯光开关（勾选为开启灯光）。

② Type：灯光类型（可以切换为球形灯、网格灯等灯光类型）。

③长度（Length）：灯光的长度尺寸。

④宽度（Width）：灯光的宽度尺寸。

⑤ Units（单位）：灯光光强度单位选择。

⑥ Multiplier（倍增值）：灯光亮度数值。

⑦ Mode（模式）：灯色调节模式：可以选择 Color 和 Temperature 两种光色调整模式。Color（颜色）模式通过颜色指定灯光颜色；Temperature（色温）模式通过色温指定灯光颜色。

⑧ Texture（贴图）：可以给灯光指定一张图片作为灯光的纹理贴图，见图 6-20。

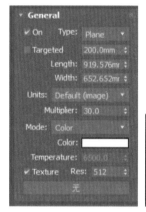

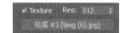

贴图效果

指定贴图效果

其中 VRay 灯光的尺寸和阴影边缘锐度有关，灯光尺寸越大，阴影边缘越柔和，尺寸越小，阴影边缘越锐利，见图 6-21。

"平板灯光"的单位（Units）包含四种，见图 6-22。

图 6-19　"通用参数"卷展栏（左）
图 6-20　灯光附加贴图效果（右）

二维码 6-2
通用参数讲解

二维码 6-3
平板灯光参数讲解

50mm × 50mm 灯光阴影

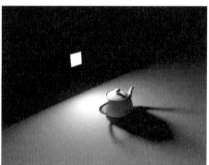

10mm × 10mm 灯光阴影

图 6-21　灯光尺寸与阴影锐度对比

Default（image）：VRay 默认灯光单位类型，通过灯光的颜色和亮度来控制灯光最后的强弱，如果忽略曝光类型的因素，灯光色彩将是物体表面受光的最终色彩。

Luminous power（lm）：流明，选择这种类型的时候，灯光的亮度将和灯光的大小无关。

Luminance（$lm/m^2/sr$）：流明／平方米／球面度，选择这种类型的时候，灯光的亮度和它的大小有关系，见图 6-23。

Radiant power（W）：瓦特，选择这种类型的时候，灯光的亮度将和灯光的大小无关。

Radiance（$W/m^2/sr$）：瓦特／平方米／球面度，选择这种类型的时候，灯光的亮度和它的大小有关系。

图 6-22　平板灯光能量单位

图 6-23 lm/m²/sr 单位灯
光亮度与大小关系

600mm × 600mm，3000lm/m²/sr 灯光亮度　　　　　200mm × 200mm，3000lm/m²/sr 灯光亮度

📖 **小贴士**：在实际效果图制作中，为了便于控制灯光亮度，推荐使用 Luminous power（lm）和 Radiant power（W）作为灯光亮度单位，以避免灯光尺寸对于场景整体亮度的影响。

同时 VRay 中瓦特的真实意义是光源的光能输出功率，即灯具的输入功率 × 发光效率 =VRay 灯光应设置的数值。

2. "Rectangle/disc light（矩形／平面灯光）" 卷展栏（图 6-24）

图 6-24 "矩形/平面灯光"
卷展栏

① Directional（矩形方向）：该参数是控制平面灯光照射的方向。其参数范围为 0~1。数值 0.0 为无方向漫射照明，数值 1 为平行于三维视图中的平板灯光箭头所指方向进行照明（图 6-25）。

② Preview（预览）：在三维视图中是否显示光线的发射方向。包含从不（Never）、永远（Always）和选择时（Selected）三个选项（图 6-26）。

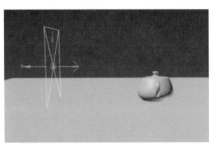 

三维视图灯光方向　　　　　　　　　　　　　　　Directional 0

图 6-25 方向性参数效果

Directional 0.5　　　　　　　　　　　　　　　Directional 1

3.″Options（选项）″卷展栏（图 6-27）

① Cast shadows（计算阴影）：是否需要计算阴影，默认开启（图 6-28）。

② Double-sided（双面）：是否双面发光，默认关闭（图 6-29）。

③ Invisible（不可见）：勾选该选项，光源不可见，默认关闭（图 6-30）。

④ No decay（无衰减）：勾选后光线能量不会进行衰减，默认关闭，见图 6-31。

⑤ Skylight portal（天光入口）：勾选后平面灯光的强度、颜色等参数信息失效，平面灯光会获取后面的环境的光照强度和颜色。该选项在添加 Dome light（穹顶灯光）的室内空间场景中常用。

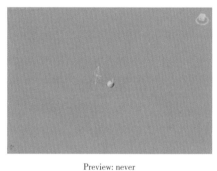

Preview: never

Preview: always

图 6-26　预览选项

Preview: selected 未选中灯光

Preview: selected 选中灯光

图 6-27　"选项"卷展栏

Cast shadows 勾选

Cast shadows 取消勾选

图 6-28　计算阴影开 / 关效果

图 6-29　双面开 / 关效果

　　Double-sided 取消勾选　　　　　　　　　　Double-sided 勾选

图 6-30　不可见开 / 关效果

　　Invisible 取消勾选　　　　　　　　　　　　Invisible 勾选

图 6-31　无衰减开 / 关效果

　　No decay 取消勾选　　　　　　　　　　　　No decay 勾选

实例：平板灯光布置

一、制作思路分析

通过使用 Plane Light（平板灯光），模拟室外光源。调整灯光位置、强度（Multiplier 倍增值）和灯光颜色达到所需灯光效果。

二、制作步骤

1. 打开场景文件〝场景文件 \ 第 6 章 \01 卧室 _planelight\ 平板灯光 .max〞。

二维码 6-4
平板灯光

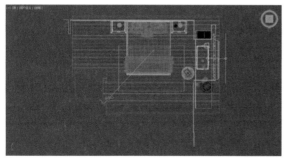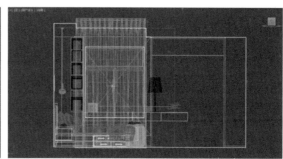

2．在左视图中创建一个 Plane Light（平板灯光），移动、旋转平板灯光位置，将其放置到窗户外侧（图 6-32）。

3．设置平板灯光倍增（Multiplier）值为 25，Mode：Temperature 值为 7200，见图 6-33。效果见图 6-34。

图 6-32　平板灯光空间位置

6.2.3　Dome Light（穹顶灯光）

Dome Light（穹顶灯光）是一种在场景范围外从球形或半球形光源向内发光的光线。这种光经常用于 Image-Based lighting（基于图像的照明），使用全景 HDR 图像作为环境光线数据信息。用于对室外光环境的模拟表现。

图 6-33　平板灯光参数设置

二维码 6-5
穹顶灯光布置

图 6-34　平板灯光模拟日光效果

在 V-Ray Toolbar 中点击"V-Ray Toolbar"→"V-Ray Dome Light 图标○"，在平面或三维视图中任意位置点击创建即可。

选中所创建的"穹顶灯光"进入修改器命令面板，参数面板见图 6-35。

• 重要参数解析

1."General（通用参数）"卷展栏

Texture（贴图）：DomeLight 需要使用一张 VRayHDRI 或者 EXR 格式的全景贴图以模拟场景周围环境光环境效果。贴图指定方法见图 6-36~图 6-38。

2."Dome light（通用参数）"卷展栏（图 6-39）。

① Spherical（full dome）球形（全圆顶）：启用后，圆顶灯将覆盖场景周围的整个球体。禁用（默认设置）时，灯光仅覆盖半球。一般保持默认开启。

② Affect alpha（影响 alpha）：启用后，穹顶灯光使用的纹理贴图映射会在渲染图像的 alpha 通道中作为实体对象可见。

③ Lock texture to icon（锁定贴图到图标）：当该选项启用时，在三维视口中旋转图标，将会更改环境贴图的角度。

图 6-35 "穹顶灯光"参数面板（左上）
图 6-36 "穹顶灯光通用参数"卷展栏（左下）
图 6-37 穹顶灯光制作步骤 1（右）

图 6-38　穹顶灯光添加 VRay 图像

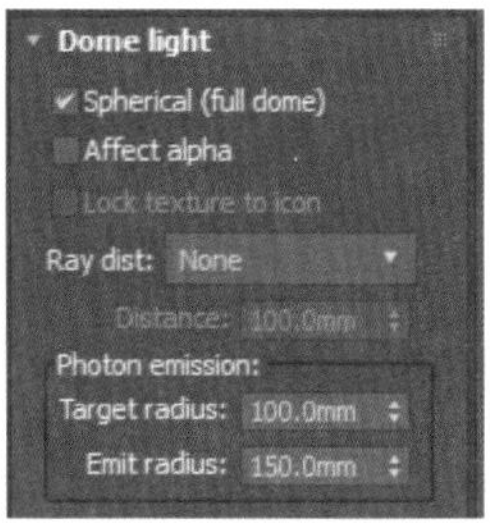

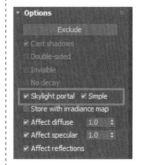

图 6-39　穹顶灯光选择 HDRI 文件

📖 **小贴士**：Dome Light（穹顶灯光）的位置不影响场景的最终光照效果。

实例：穹顶灯光布置

一、制作思路分析

通过使用"穹顶灯光"，模拟室外光源。调整灯光位置、强度（Multiplier 倍增值）和灯光颜色达到所需灯光效果。

二、制作步骤

1. 打开场景文件"场景文件 \ 第 6 章 \02 卧室 _domelight\ 穹顶灯光案例 .max"。

2. 在左视图中创建一个 Dome Light（穹顶灯光），在顶视图中旋转穹顶灯光角度；给穹顶灯光添加一张 HDRI 环境贴图，贴图所在位置为"场景文件 \ 第 6 章 \02 卧室 _domelight\greenwich_park_2k.hdr"；设置 Multiplier 值为 7.5；在 Options（选项）中勾选"Skylight portal"和"Simple"两个选项，见图 6-40。

3. 在左视图中创建一盏略大于窗户的平板灯光，调节平板灯光位置和朝向，使其位于窗户外侧，并向窗户内发光。

两盏灯光创建位置见图 6-41。

4. 场景渲染效果见图 6-42。

图 6-40　平板灯光使用天光入口

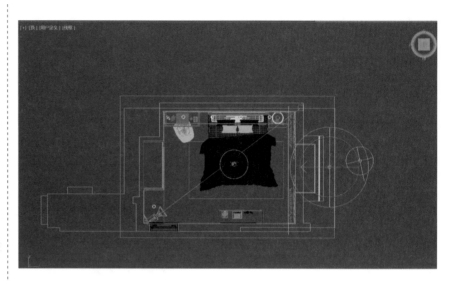

图 6-41 穹顶灯光和平板灯光空间位置

二维码 6-6
网格灯光案例

6.2.4 Mesh Light（网格灯光）

Mesh Light（网格灯光）是将几何体转化为发光体的灯光类型，经常用于模拟发光物体，如灯泡、灯带、电视面板等的发光效果（图 6-43）。

在三维视口中选择一个几何体，点击"V-Ray Toolbar"→"V-Ray Mesh Light"图标即可完成创建。其参数控制与 Plane Light（平板灯光）相似，不再赘述。

📖 *小贴士：几何体转化为网格灯光的过程是不可逆的，也就是不把网格灯光重新转变为几何体。因此在进行网格灯光创建前，可以先将几何体复制出一个副本，并隐藏，以便于后期操作。*

实例：网格灯光布置

一、制作思路分析

通过使用 Mesh Light（网格灯光），模拟室内灯带。调整灯光位置、

图 6-42 穹顶灯光渲染效果（左）
图 6-43 网格灯光效果（右）

强度（Multiplier 倍增值）和灯光颜色达到灯光效果。

二、制作步骤

1．打开场景文件"第 6 章 \ 场景文件 \03 卧室 _meshlight\ 网格灯光案例 .max"。

2．在顶视图中使用"创建"面板→图形选项卡中的"矩形"工具，根据顶棚大小绘制灯带大小的矩形图形。

3．选择矩形图形，修改其参数见图 6-44。

4．在视图中选择矩形图形，将其转化为可编辑多边形。

5．选择转化后的多边形，点击"V-Ray Toolbar" → "V-Ray Mesh Light"图标，完成灯带网格灯光的创建。

6．设置 Units：W；Multiplier：4；Mode：Temperature；Temperature：4500。见图 6-45。

7．渲染效果见图 6-46。

图 6-44　矩形图形修改参数

图 6-45　网格灯光转化

图 6-46　网格灯光模拟灯
带渲染效果

6.2.5　Sphere Light（球体灯光）

Sphere Light（球体灯光）与通过球体生成的 Mesh Light（网格灯光）得到的效果相似，在创建和修改方面更加方便。其他参数相同，不展开说明。

6.2.6　VRay IES（VRay IES 灯光）

VRay IES 灯光经常用于室内场场景中的筒灯和射灯。

点击"V-Ray Toolbar" → "V-Ray IES Light"图标，在平面或三维

图 6-47 "VRay IES灯光"
参数面板

图 6-48 指定 IES 文件

图 6-49 VRay IES 灯光
强度类型

二维码 6-7
IES 灯光案例

视图中任意位置点击即可创建。参数面板见图 6-47。

● 重要参数解析

① enabled（启用）：勾选后启用灯光，取消勾选则灯光不生效。

② ies file（ies 文件）：点击 None 图标，在弹出的对话框中可以指定 ies 文件给灯光（图 6-48）。

③ intensity type（强度类型）：灯光亮度／强度单位，有 power（lm）流明和 intensity（cd）坎德拉两种亮度单位（图 6-49）。

④ intensity value（强度数值）：具体灯光亮度／强度的数值。

实例：IES 灯光布置

一、制作思路分析

通过使用 VRay IES 灯光模式室内筒灯效果。调整灯光位置和灯光颜色达到效果。

二、制作步骤

1. 打开场景文件"场景文件＼第 6 章＼04 卧室 _ieslight＼ies 灯光案例 .max"。

2. 使用"V-Ray Toolbar"→"V-Ray IES Light"图标在视图中创建 IES 灯光。根据场景中筒灯模型的位置，移动放置 IES 灯光。红色区域筒灯使用：场景文件＼第 6 章＼03 卧室 _ieslight＼ies23 .IES，黄色区域筒灯使用：场景文件＼第 6 章＼04 卧室 _ieslight＼ies24 .IES（图 6-50）。

3. 渲染效果见图 6-51。

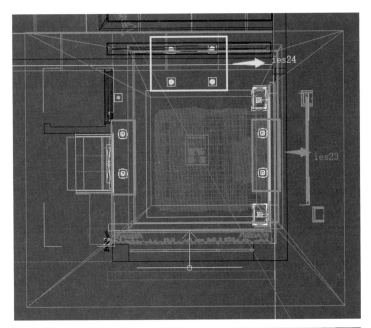

图 6-50　VRay IES 灯光
空间位置及光域
网文件

图 6-51　VRay IES 灯光模
拟筒灯渲染效果

本章小结

　　本章重点讲述了 3ds Max 配合 VRay 渲染器下各类灯光的基本设置，通过不同实例验证各种灯光所表达的渲染效果，形成了对应现实生活中的灯光类型；同时，通过对灯光理论的分析使读者更深入地理解细节参数对灯光最终渲染效果的实用价值，领略用光作画的魅力。

7

第 7 章
VRay 渲染技术

学习目标:

掌握 VRay 渲染器渲染室内效果图的基本流程。

学习要点:

1. VRay 渲染器的调用。

2. VRay 渲染器主要参数的意义及设置方法。

3. 室内效果图渲染的基本过程。

7.1 VRay 渲染器介绍

VRay 是目前业界深受欢迎的渲染引擎，在建筑／室内设计表现领域的市场占有率约 60%，是每一位想要从事室内设计、建筑／室内效果图制作领域的工作人员都需要掌握的基础渲染器。基于 VRay 内核开发的有 VRay for 3ds Max、Maya、SketchUp、Rhino 等诸多版本，在本书中我们将以 VRay 3.6 for 3ds Max 2017 为基础讲解 VRay 渲染器的渲染输出设置。

图 7-1 选择 V-Ray 渲染器

7.2 VRay 渲染器调用

VRay 渲染器调用方法有三种：

1. 3ds Max 菜单栏中找到"渲染"→"渲染设置"，打开"渲染设置"窗口，在"渲染设置"窗口中找到"渲染器"，在下拉菜单中选择 V-Ray Adv 3.60.03（在电脑中所安装的 VRay 渲染器版本）（图 7-1）。

2. 在 3ds Max 工具栏中找到"渲染设置"图标，打开"渲染设置"窗口，其他步骤同上。

3. 按快捷键"F10"，打开"渲染设置"窗口，其他步骤同上。

7.3 VRay 渲染器参数面板

图 7-2 V-Ray 渲染器相关设置选项卡

当渲染器选择为 V-Ray Adv 3.60.03 之后，"渲染设置"窗口中将会显示 VRay 渲染器相关设置选项卡（图 7-2）。

VRay 渲染器的参数设置较为复杂，本书仅对默认设置中的渲染参数进行讲解，高级模式和专家模式中的相关参数读者可访问 VRay 官方说明文档进行了解。

7.3.1 V-Ray 选项卡

默认 V-Ray 选项卡中包括授权、关于 V-Ray 等 11 项内容，其英文名称所对应的中文名称见图 7-3。

● 重要参数解析

授权：查看和编辑许可证服务器信息。不作修改。

关于 V-Ray：显示 V-Ray 版本号和更改反馈程序设置的选项。不作修改。

帧缓冲区：VRay 帧缓存（vfb）的设置。

全局开关：对于整个场景中的灯光、置换、光线追踪等内容的全局设置和覆盖。

图 7-3 V-Ray 选项卡英中翻译

图像采样器（抗锯齿）：控制图像采样及抗锯齿过滤的计算方式。其设置类型与下方的 Progressive image sampler 相关。

图像过滤器：设置在相邻像素上锐化或模糊的方法。

渐进式图像采样器：仅当图像采样器类型设置为 Progressive 时才可用。

全局确定性蒙特卡罗：用于渲染模糊效果（如运动模糊和光泽反射）的设置。

环境：指定要在 GI 和反射／折射计算期间使用的颜色和纹理映射。

颜色映射：为显示非线性工作流或专业工作流切换颜色。

摄影机：摄影机投影、运动模糊和景深的设置。

以上这 11 项参数中，有些参数在进行室内效果图表现的时候，不建议进行修改，在这里就不作展开介绍。本节仅对实际工作中较常更改的项目作介绍。

1．Image sampler（Antialiasing）图像采样器

Type（类型）：指定图像采样器类型。有 Progressive（渐进式渲染）和 Bucket（小块式渲染）两种类型，见图 7-4。根据此选项，将在"图像采样器（抗锯齿）"卷展栏下方打开一个附加卷展栏，其中包含该采样器类型的特定设置。

渐进式渲染在渲染时能够提供完整的画面进行预览，在时间紧迫需要渲染多张图像的时候能够依据每张图像分配到的渲染时长来进行渲染控制，但会占用更多的内存资源。小块式渲染占用的内存空间小于渐进式渲染，但在进行渲染时会分割画面，不能够通过时长控制图像渲染时间。

● "渐进式图像采样"卷展栏（面板见图 7-5）

① Min.subdivs（最小细分）：控制图像中每个像素接收的最小采样数。样本的实际数量是子多维数据集的平方。数值越大，渲染图像精度越高，但时间越长。一般保持默认即可。

② Max.subdivs（最大细分）：控制图像中每个像素接收的最大采样数。样本的实际数量是子多维数据集的平方。数值越大，渲染图像精度越高，但时间越长。一般保持默认即可。

③ Render time（渲染时间）：以分钟为单位的最大渲染时间。当达到此分钟数时，渲染器停止。Render time 是整个帧的渲染时间；它包括任何 GI 预处理，如灯光缓存、辐照度贴图等。如果这是 0.0，则渲染时间不受限制，仅受 Noise threshold 或 Max.subdivs 选项控制。

④ Noise threshold（噪点阈值）：控制图像中的噪点多少。数值越大，渲染精度越低，图像噪点越多，但渲染时间越少；数值越小，渲染精度越高，图像噪点越少，但渲染时间越长。如果该值为 0.0，则对整个图像进行均匀

图 7-4　图像采样器类型

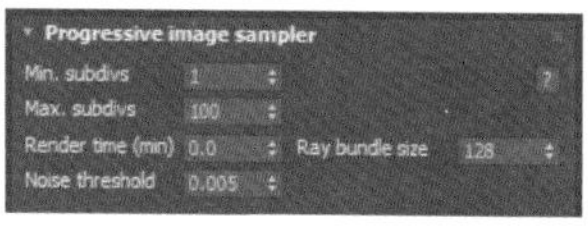

图 7-5　"渐进式图像采样"卷展栏

采样，直到达到最大细分值或达到渲染时间限制为止。对于测试渲染来说，Noise threshold 可以设置为 0.1；对于正式图渲染时，可以设置成 0.005 或 0.01。

⑤ Ray bundle size（光线束大小）：用于分布式渲染，以控制移交给每台机器的工作块的大小。使用分布式渲染时，较高的值可能有助于更好地利用渲染服务器上的 CPU。

推荐设置：在上述参数中 Min.subdivs（最小细分）、Max.subdivs（最大细分）、Render time（渲染时间）和 Noise threshold（噪点阈值）都可以控制图像的渲染精度和渲染时间。根据不同的工作情景可以进行不同的参数设置组合：

①当对图像的渲染质量有固定要求的时候，可以设置 Max.subdivs（最大细分）为 1000，Render time（渲染时间）为 0，Noise threshold（噪点阈值）为 0.005 或 0.01。这时渲染器会在渲染质量到达两个参数的其中任意参数的时候停止渲染。一般建议设置较大的 Max.subdivs（最大细分），这样图像的渲染质量实际只由 Noise threshold（噪点阈值）进行控制。具体设置见图 7-6。

②当在一定渲染时间内需要渲染多张图像时，可以通过 Render time（渲染时间）进行控制，为其分配合适的分钟数。如在一个小时中需要渲染 5 张图像，则每张图像所能够渲染的时间为 12 分钟，即 Render time 参数设置为 12。Max.subdivs（最大细分）保持 100 的默认值，Noise threshold（噪点阈值）保持 0.01 的默认值。具体设置见图 7-7。

📖 小贴士：Noise（噪点）是图像中一种亮度或颜色信息的随机变化，在渲染中，当图像采样精度较高，但仍旧有噪点出现时，大多数的情况下噪点的产生跟材质选择和灯光的曝光不足有着直接的关系。尽量使用 VRay 材质能够减少噪点出现的可能性。对于渲染时间有限的情况，可以通过使用 VRay 自带的降噪器进行图像噪点的消除。具体用法将在后续渲染元素设置方法中进行讲解。

• "小块式图像采样"卷展栏（面板见图 7-8）

小块式采样方式在进行图像渲染时，不可通过渲染时间参数控制图像的渲染精度，在渲染时会将画面分隔为一个一个的小方块，只有在渲染完成时才会显示完整的渲染图像，但其渲染时占用的内存要少于渐进式渲染方式，适合内存不多的电脑进行效果图渲染。

① Min.subdivs（最小细分）：控制图像中每个像素接收的最小采样数。样本的实际数量是子多维数据集的平方。数值越大，渲染图像精度越高，但时间越长（软件截图中也显示为 Min subdivs）。

图 7-6 渲染质量为主的参数设置

图 7-7 渲染时间为主的参数设置

图 7-8 "小块式图像采样"卷展栏

② Max.subdivs（最大细分）：控制图像中每个像素接收的最大采样数。样本的实际数量是子多维数据集的平方。数值越大，渲染图像精度越高，但时间越长（软件截图中也显示为 Max subdivs）。

③ Noise threshold（噪点阈值）：控制图像中的噪点多少。数值越大，渲染精度越低，图像噪点越多，但渲染时间越少；数值越小，渲染精度越高，图像噪点越少，但渲染时间越长。数值不能为 0。

④ Bucket width：设置小块式渲染宽度，单位是像素。

⑤ Bucket height：设置小块式渲染高度，单位是像素。

⑥ L button：锁定小块式渲染高度与宽度值一致。

推荐设置：测试图渲染参数：Min.Subdivs：1，Max.Subdivs：8，Noise threshold：0.05,其他默认即可（图 7-9）。正式图渲染参数：Min.Subdivs：2，Max.Subdivs：24，Noise threshold：0.02，其他默认即可（图 7-10）。

2．"Global Switches（全局开关）"卷展栏（面板见图 7-11）。

① Displacement（置换）：启用（默认）或禁用 V-Ray 自己的 Displacement（置换）效果。该参数 3ds Max 自带的材质中的 Displacement（置换）参数无效，需通过"渲染场景"对话框中的相应参数进行控制。

② Lights（灯光）：全局启用或禁用灯光。请注意，如果禁用此选项，V-Ray 将使用默认灯光，除非默认灯光设置为"关闭"。

③ Hidden lights（隐藏灯光）：启用或禁用隐藏灯。启用此选项后，无论灯光是否隐藏，都会渲染灯光。如果禁用此选项，则渲染中不包括出于任何原因（显示或按类型）隐藏的任何灯光。

④ Don't render final image（不渲染最终图像）：启用此选项时，V-Ray 仅计算相关的全局照明贴图（光子贴图、灯光贴图、辐照度贴图）。一般用于计算环游动画的光照贴图。

⑤ Override depth（覆盖深度）：反射／折射深度的全局限制。禁用此选项时，深度由材质和贴图本地控制。启用此选项时，所有材质和贴图都使用指定的深度。

⑥ Override mtl（覆盖材质）：渲染时覆盖场景材质。如果开启并制订材质时，所有物体都将使用所选材质渲染；如果未指定材质，则使用其默认线框材质渲染。一般用于进行光环境测试时使用。

⑦ Max transp.Levels（最大透明级别）：跟踪透明对象的深度。一般保持默认。

⑧ Override exclude（覆盖排除）：显示用于选择要使用覆盖材质渲染的对象的"3ds Max 包含／排除"对话框。一般保持默认。

图 7-9　测试图渲染参数

图 7-10　正式图渲染参数

图 7-11　"全局开关"卷展栏

图 7-12 "图像过滤"卷展栏

图 7-13 "全局 DMC"卷展栏

图 7-14 "环境设置"卷展栏

3. "Image Filter（图像过滤）"卷展栏（面板见图 7-12）

Image Filter（图像过滤）能锐化或模糊相邻像素颜色之间的过渡。当渲染中的纹理包含非常精细的细节时，可以使用图像过滤锐化这些细节以使它们更可见和突出，或者模糊像素以减少云纹图案和其他不需要的瑕疵。对于动画制作，选择图像过滤器可以模糊像素，画面闪烁。对于效果图制作来说，默认参数就能提供很好的图像过滤效果，保持默认即可。

4. "Global DMC（全局 DMC）"卷展栏（面板见图 7-13）

蒙特卡罗（mc）采样是一种评估"模糊"值（消除混叠、景深、间接照明、区域光、光泽反射／折射、半透明、运动模糊等）的方法。VRay 渲染器是使用一种称为确定性蒙特卡罗（DMC）的蒙特卡罗采样变体。

Lock noise pattern（锁定噪声模式）：启用后，动画中帧间的采样模式相同，可能会导致动画画面闪烁，可以禁用此选项，使采样模式随时间而更改。无论开启与否，重新渲染同一帧会产生相同的结果。

Use local subdivs（使用局部细分）：禁用时，VRay 渲染器会根据图像采样器的最小着色速率参数自动确定用于采样材质、灯光和其他着色效果的细分值。启用后，将使用材质、灯光中设置的细分值（subdivis）。

Subdivs mult.（细分倍增）：当启用 Use loval subdivis（使用局部细分）时，在渲染过程中所使用的细分值是相应材质、灯光、阴影的细分值与其数值的乘集。辐照度贴图、强力 GI、区域灯光、区域阴影、光泽反射／折射都受此参数影响。

📖 **小贴士**：对于效果图制作来说，默认参数能够很好地平衡渲染速度和渲染质量，一般不建议修改这部分内容，保持默认即可。

5. "Environment Settings（环境设置）"卷展栏（面板见图 7-14）

在"V-Ray 渲染参数"中的"环境"部分，可以指定要在 GI 和反射／折射计算期间使用的颜色和纹理贴图。如果不指定颜色／贴图，则默认情况下将使用在"3ds Max 环境"对话框中指定的背景颜色和贴图。

Enviroment（环境）：用于设置进行间接照明计算的 3ds Max 环境设置。改变 GI 环境的效果与天窗相似。

GI enviroment（GI 环境）：打开和关闭 GI 环境覆盖。可对其指定颜色或纹理贴图，一般使用 VRayHDRI 贴图。贴图的优先级高于颜色，即使用贴图时颜色失效。当使用颜色进行 GI 环境控制时，可通过后面的 Multiplier（倍增值）对其亮度进行控制。Multiplier（倍增值）：不会改变环境贴图的亮度。

Reflection/refraction environment（反射／折射环境）：此组允许在计算反射和折射时覆盖 3ds Max 环境设置。如果启用折射覆盖，则此组仅影响反射。

Refraction environment（折射环境）：允许用户仅覆盖折射光线的环境。禁用此覆盖时，V-Ray 在计算折射时使用"反射／折射"组中指定的环境。

Secondary matte environment：用于控制反射／折射中无光对象的外观。

6. "Color mapping（颜色映射）"卷展栏（面板见图 7-15）

图 7-15　"颜色映射"卷展栏

Color mapping（颜色映射）也称为 Tone mapping（色调映射），是用于指定在用户界面输入和渲染值之间执行哪些颜色操作，以及通过用户监视器上的 vfb 显示渲染像素的方式。为了确保最准确的结果，一般颜色映射设置保持其默认值，并在后期制作期间执行艺术颜色转换。这也将确保重复性、一致性。

7. "Camera（摄影机）"卷展栏（面板见图 7-16）

"摄影机"卷展栏控制场景几何体投影到图像上的方式。可以选择摄影机类型并设置运动模糊和景深的参数。

如果在场景中使用物理摄影机，除了某些运动模糊参数（快门效率、几何体采样和焊前采样）外，摄影机卷展栏中的大多数参数都将失效。

图 7-16　"摄影机"卷展栏

① Type（类型）：指定摄影机类型，一般使用 Default（默认）、Spherical panorama（球形全景）和 Cylindrical（ortho)[圆柱（正交）]。Default（默认）类型摄影机用于制作一般效果图，Spherical panorama（球形全景）用于制作 720°全景图，Cylindrical（ortho)[圆柱（正交）]一般用于制作正交视图或模拟移轴摄影机效果。

② Override FOV（覆盖 FOV）：启用后，可以使用输入的值覆盖 3ds Max 的 FOV 角度（视野范围）。使用此参数的原因是，某些 VRay 摄影机类型的视野范围可以达到 360°，而 3ds Max 中的摄影机（非物理摄影机）限制为 180°。

③ Cylinder height：（圆柱体高度）：指定圆柱形（正交)摄影机的高度。当类型设置为"圆柱形（正交）"时，此设置才可用。

④ Vertical FOV（垂直视野）：指定垂直方向上的视场角度。使用 Spherical panorama（球形全景）摄影机类型时替换圆柱体高度。

⑤ Fish eye auto-fit（自动调整鱼眼）：控制鱼眼摄影机的自动调整选项。

⑥ Fish eye dist（鱼眼距离）：仅适用于鱼眼摄影机。

⑦ Fish eye curve（鱼眼曲线）：仅适用于鱼眼摄影机。

7.3.2　GI（全局光照）选项卡

GI 选项卡是渲染器的核心部分，用于控制全局照明计算方式，主要控制 Primary engine（主要引擎）、Secondary engine（次级引擎）类型。在

图 7-17　全局光照参数面板

VRay 渲染器中，只有开启全局照明后才能计算光线的反射、折射效果（即间接照明）。参数面板见图 7-17。

Enable GI（开启 GI）：控制间接光照的开启与关闭。

Primary engine（主要引擎）：指定主要漫反射计算方法。

Secondary engine（次级引擎）：指定次级漫反射计算方法。

Primary engine（主要引擎）和 Secondary engine（次级引擎）：可以选择以下四种引擎方式：

① Irradiance map（辐照度贴图）：用于对光影要求不高的场景，速度较快。

② Photon map（光子贴图）：较早的 GI 计算方式，不推荐使用。

③ Brute force（暴力）：默认主要引擎计算方式，对光影关系表达最精确，但速度较慢。

④ Light cache（灯光缓存）：一般作为 Secondary engine（次级引擎）计算方式。

推荐设置：

当要求较高的光影精度的时候，推荐使用默认设置，即 Primary engine（主要引擎）为 Brute force（暴力），Secondary engine（次级引擎）为 Light cache（灯光缓存）。

当对渲染速度有较高要求，光影精度要求不高的时候，两者依次使用 Irradiance mape（辐照度）和 Light cache（灯光缓存）。

正式图渲染时，一般 Primary engine（主要引擎）选择 Brute force（暴力），Secondary engine（次级引擎）选择 Light cache（灯光缓存）。

测试图渲染时，一般 Primary engine（主要引擎）选择 Irradiance map（辐照度），Secondary engine（次级引擎）选择 Light cache（灯光缓存）。

📖 **小贴士**：Light cache（灯光缓存）是 VRay 渲染引擎的技术优势，推荐在任何时候都将次级引擎设置为 Light cache。

1. "Brute Force GI（暴力）"卷展栏（面板见图 7-18）

① Subdivs（细分）：用于确定计算 GI 的采样数，其采样具体数目为该值的平方，即当 Subdivs（细分）值为 8 时，每个像素的 GI 采样数量为 64（8^2）。

② Bounces（反弹）：用于控制 GI 计算反弹次数，数值越大，光线的衰减越趋向于真实。

图 7-18　"Brute Force GI"卷展栏

📖 **小贴士**：在默认模式下，当"Global illumination"卷展栏中的 Secondary engine（次级引擎）选择为 Brute force 时，Bouces（反弹）次数可以调节。室外空间使用 3 即可，室内空间使用可以增加为 5，需要较多的渲染计算时间。

2．"Irradiance map（辐照度贴图）"卷展栏（面板见图 7-19）

在"Irradiance map（辐照度贴图）"卷展栏中，Default（默认模式）中提供了较多的预设，一般情况下只需要选择正确的 Current preset（预置设置）就能得到较好的渲染效果。

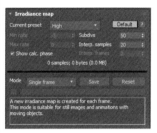

图 7-19　"辐照度贴图"卷展栏

① Very low（非常低）：仅用于预览以显示场景中的一般照明。

② Low（低）：用于预览的低质量预设。

③ Medium（中）：中等质量的预设；在许多没有小细节的场景中都可以正常工作。

④ Medium animation（中等动画）：一种中等质量的预设，旨在减少动画中的闪烁；距离阈值更高。

⑤ High（高）：高质量的预设，适用于大多数情况，即使是小细节的场景，也适用于大多数动画。

⑥ High animation（高动画）：一种高质量的预设，如果高预设在动画中产生闪烁，则可以使用；距离阈值更高。

⑦ Very high（非常高）：一种非常高质量的预设；可用于具有非常小和复杂细节的场景。

📖 **小贴士**：在实际渲染中，Irradiance map（辐照度贴图）可以提供更加平滑的光照效果，Brute force（暴力）则相对会有更多的噪点，Brute force（暴力）的细节更加准确，而 Irradiance map（辐照度贴图）参数设置为高时，在细节部分仍然不如 Brute force（暴力），但是会有更快的渲染速度。VRay 官方推荐 GI 搭配方式是主要引擎为 Brute force（暴力）。在实际工作中需要根据场景的细节程度，进行合理的 GI 引擎搭配方式。在学习阶段，我们可以通过 Primary engine（主要引擎）设置为 Irradiance map（辐照度贴图）来节省大量的渲染时间，以便快速地预览渲染用于辅助推敲设计方案。

3．"Light cache（灯光缓存）"卷展栏（面板见图 7-20）

灯光缓存是 VRay 的原创的全局照明技术，与 Photon map（光子贴图）技术类似，但限制较少。

图 7-20　"灯光缓存"卷展栏

① Subdivs（细分）：用以控制从摄影机所能追踪的射线数目，其实际数量为该数值的平方。即 1000 的数值代表实际追踪的射线数量为 1000000（1000^2）。数值越高，其光影细节越丰富，但速度较慢。

② Sample size（采样大小）：控制单个灯光缓存采样的大小。该数值越小，其光影细节越丰富，但速度较慢。

③ Show calc.phase（显示计算阶段）：勾选后，可以显示灯光缓存的计算过程。该选项不会对光缓存的计算有影响，仅作为检测灯光缓存的计算过程使用。

④ Retrace（追踪）：用以计算转交处的 GI。勾选该选项可以防止漏光和闪烁。默认勾选，对于静止图像（效果图），数值保持默认 2.0 即可，对于动画渲染，数值设置为 8.0 较好。数值越大，渲染时跟踪的光线越多。

⑤ Use camera path（使用摄影机路径）：勾选该选项后，VRay 会计算整个摄影机路径的光缓存采样，而不仅仅是当前视图的灯光缓存。一般制作动画渲染的时候需要勾选该选项。对于单帧效果图来说不需要勾选（没有变化）。

推荐设置：

①正式图渲染设置：Subdivs 值为 1500/2000，Sample size 值为 0.01，Retrace 值为 2。

②测试图渲染设计：Subdivs 值为 500/750，Sample size 值为 0.05，Retrace 值为 2。

③可勾选 Show calc.phase，其他设置保持默认即可。

7.3.3 Setting（设置）选项卡

设置选项卡包括置换和纹理设置的全局设置（图 7-21）。

7.3.4 Render Elements（渲染元素）选项卡

为了更好地表现室内空间效果，虽然 VRay 能够渲染出较为真实的效果，但我们仍然会在后期软件中进行相应的处理（如 Photoshop）。在后期调整的实际工作中，一般包括调整物体的反射、颜色、物体转折细节等，这就需要我们在渲染的时候进行反射通道、材质通道、物体通道、环境吸收通道等内容的渲染输出，以方便在 Photoshop 等后期软件中进行相应操作。Render Elements（渲染元素）在 Photoshop 中的使用我们会在后续章节进行详细讲解，这里仅对 Render Elements（渲染元素）的原理和设置方法进行讲解和介绍。

图 7-21　设置选项卡

Render Elements（渲染元素）是将渲染分解为其组件部分（如漫反射颜色、反射、阴影、蒙版等）的一种方法。当从组件元素重新组装最终图像时，使用合成或图像编辑软件（如 Photoshop、Aftereffects）时，可以对最终图像进行精细控制。其本质可以简单理解为对场景进行渲染时，单一信息如反射、折射、光照等内容的拆解计算信息（图 7-22）。

渲染元素按其作用，大致分为 4 种类别：

① Beauty Render Elements（渲染图渲染元素）：用以合成输出效果图图像所需的分类（层）信息。包括 VRayLighting（直接光照）、VRayGlobalIllumination（全局光照）、VRayReflection（反射）、VRayRefraction（折

不同渲染元素使用ADD（相加）计算方式进行混合

最终叠加效果得到效果图

RGB_Color (beauty)

图 7-22　渲染元素原理

射）、VRaySpecular（高光）、VRaySSS2（次表面反射）、VRaySelfIlumination（自发光）、VRayCaustics（焦散）、VRayAtmosphere（大气）、VRayBackground（背景）等。

② Matte Render Elements（蒙版渲染元素）：用于后期软件中进行选区等操作的渲染元素。包括 Material ID（材质 ID）、Multimatte（多重蒙版）、Object ID（物体 ID）、Render ID（渲染 ID）等。

③ Geometry Render Elements（几何体渲染元素）：用以在后期软件中进行景深、运动模糊等效果制作的渲染元素。包括 Velocity（速度）、Z-Depth（深度）、Wire Color（线框颜色）、Normals（法线）等渲染元素。

④ Utility Render Elements（实用渲染元素）：用以提供 VRay 渲染器特性的渲染元素，通过实用程序渲染元素可以深入了解 VRay 的运行方式以及用于合成的额外功能。包括 Distributed Render ID（分布式渲染 ID）、Sample Rate，（采样率）、Denoiser（降噪）、Extra texture（额外纹理）、Sampler Info（采样信息）等。

图 7-23　选择渲染元素选项卡

Render Elements（渲染元素）设置方法如下：

①选择 Render Elements（渲染元素）选项卡，见图 7-23。

②点击"添加"按钮，在弹出的对话框中按住 Ctrl 键多选 VRayAlpha、VRayDenoiser、VRayExtraTex、VRayGloballilumination、VRayLighting、VRayMtlID、VRayObjectID、VRayReflection、VRayShadows、VRaySpecular、VRayZDepth 选择后点击"确定"，即可完成 Render Elements（渲染元素）的添加（图 7-24、图 7-25）。

③添加后在进行效果图渲染时，Vray frame buffter（VRay 帧缓存器）中的 RGB color 下拉菜单中可以看到相应渲染元素通道（图 7-26）。

图 7-24　渲染元素的添加

📖 小贴士：VRayDenoiser 是 VRay 自带的降噪器，其作用是在规定时间里，通过渲染器内置的降噪计算方式，消除图像的噪点，在提供高质量图像的前提下节约渲染时间。其效果见图 7-27。

VRayExtraTex 渲染元素：可以通过赋予 VRayDirt 材质中的 Ambient occlusion（环境光遮蔽）模式提供 AO 贴图。AO 图能够在物体的转折处提

131

图 7-25　添加渲染元素

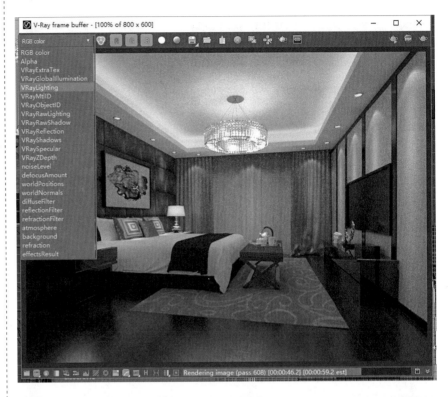

图 7-26　渲染元素的查看

图 7-27　VRayDenoiser
　　　　　降噪器效果

原图　　　　　　　　　　　　　　降噪后

供光影转折细节（图 7-28），通过后期合成，使效果图在视觉上达到更加真实的效果（图 7-29）。

　　VRayZDepth 渲染元素：提供根据距离远近生成的黑白贴图（图 7-30），在 Photoshop 后期合成中可以作为景深数据，使用镜头模糊功能模拟景深效果。

　　渲染元素中 VRayExtraTex 和 VRayZDepth 要进行相应设置方能正常使用，其他渲染元素可直接使用。VRayExtraTex 和 VRayZDepth 渲染元素设置方法如下：

图 7-28　环境光遮蔽渲染
元素效果

原图　　　　　　　　　　　　　　AO 图叠加后效果

图 7-29　使用环境光遮蔽
后期处理效果

1. VRayExtraTex 渲染元素设置

① 在 Render Elements 选项卡中选择〝VRayExtraTex〞，在下方的
〝VrayExtraTex parameters〞（参数）中找到〝texture〞，点击后面的〝无〞按
钮（图 7-31）。

图 7-30　VRayZDepth渲
　　　　染元素效果

②在弹出的"材质／贴图浏览器"窗口中,找到"V-Ray"→"VRayDirt"
贴图（图 7-32）。

③打开 Slate 材质编辑器, 将 Texture 中的 "贴图 #1（VRayDirt）" 材
质拖动到Slate材质编辑器中,在弹出的窗口中"方法"选择"实例"(图 7-33）。

④双击 VRayDirt 节点在参数中调节 radius（半径）为 800mm（图 7-34）。

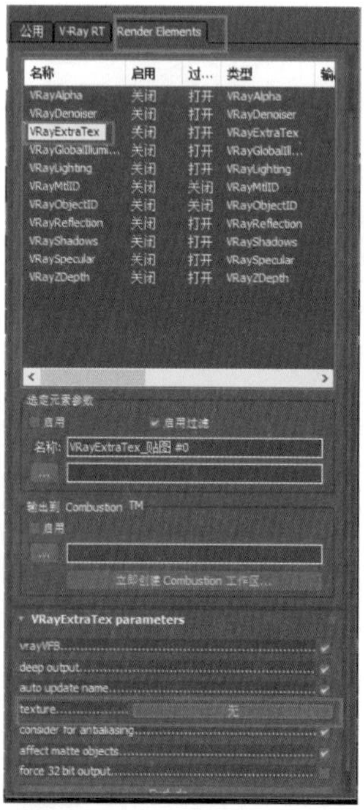

图 7-31　VRayExtraTex
　　　　渲染元素设置 1
　　　　（左） 
图 7-32　VRayExtraTex
　　　　渲染元素设置 2
　　　　（右）

图 7-33　VRayExtraTex
　　　　渲染元素设置 3

2.VRayZDepth 渲染元素设置

在 Render Elements 选项卡中选择"VRayZDepth"，在下方"VRayZDepth parameters（参数）"中调节 zdepth max 参数，其数值大小应大于或等于镜头到场景尽端距离（图 7-35）。

📖 **小贴士**：可以通过工具菜单中的测量工具确定 ZDepth 通道最大距离。

7.3.5　图像保存

1.保存单张图像：在"V-Ray frame buffer（帧缓存）"窗口中点击"保存"按钮，可以保存单张图像（图 7-36）。

2.批量保存渲染元素图像文件：在"V-Ray frame buffer（帧缓存）"窗口中长按"保存"按钮，在下拉菜单中选择"save all image channels to seperates files"可以将渲染元素保存为相互独立的图片（图 7-37）。

3.图像保存格式：对于后期需要进一步修改的图像，推荐保存为 32 位的图像格式，如 .hdri 或 .exr，这样在进行图层混合的时候，图像更为准确（图 7-38）。对于确定后期不需要进行进一步调整的图像，可以保存为 jpeg 或者 png 格式的图片，以方便手机、平板、电脑端的浏览使用和打印出图。

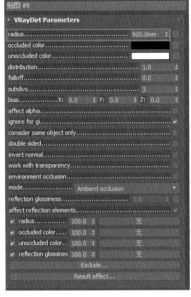

图 7-34　VRayExtraTex
　　　　渲染元素设置 4
　　　　（左）

图 7-35　VRayZDepth 渲
　　　　染元素设置（右）

图 7-36　单张图像保存
　　　　（左）

图 7-37　批量保存渲染元
　　　　素图像文件（右）

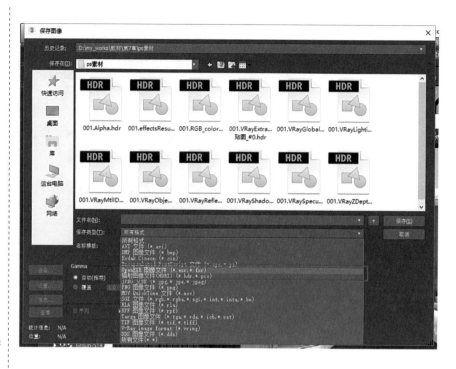

图 7-38 图像保存格式选择

二维码 7-1
正式图渲染实例

实例：卧室空间正图渲染

一、制作思路分析

制订合适的分辨率，指定合适的 GI 引擎和参数，添加渲染元素，保存图片。

二、制作步骤

1. 打开"场景文件\第 7 章\卧室场景\渲染设置案例.max"文件。

2. 在适合的角度添加物理摄影机（PhysCamera）。

3. 在公用选项卡中的输出大小，输入适合的分辨率（2400×1800）。

4. 在 V-Ray 选项卡中，设置 Image sampler（antialiasing）中的 type 为 Progressive（渐进式）。

5. 设置 Progressive imagesampler 中的 Noise threshold 为 0.02。

6. 在 GI 选项卡中的 Light cache 中的 Subdivs（细分）为 1500。

7. 在 Render Elements 选项卡中添加 VRayDenoiser、VRayExtraTex、VRayGlobalillumination、VRayLighting、VRayMtlID、VRayObjectID、VRayReflection、VRayShadows、VRaySpecular、VRayZDepth。

8. 设置 VRayExtraTex 贴图使用 VRayDirt 材质，并将 radius 设置为 800mm。

9. 设置 VRayZDepth 的 zdepth max 为 8000mm。

10. 渲染效果见图 7-39。

图 7-39　渲染实例效果

📖 小贴士：

　　在进行正图渲染之前，可以对场景进行测试渲染。一般来说，测试渲染的参数较低，可以加快图像的渲染速度，便于快速预览场景效果，快速反馈快速调整。

　　测试渲染不需要添加 Render Elements（渲染元素）；V-Ray 选项卡 Progressive imagesampler 中的 Noise threshold 可以降低为 0.05 或 0.1；GI 选项卡中的 Light cache 中的 Subdivs（细分）为 1500，Subdivs（细分）可以降低为 500 或 800。

本章小结

　　本章主要讲述了 VRay 的整体设置选项，看似烦琐但是制作室内效果图时常使用的命令设置不多，读者能够通过渲染各种场的实战练习，体会各项参数的微妙变化。

Di-bazhang　Xiaoguotu Houqi Hecheng

第 8 章
效果图后期合成

学习目标：

掌握 Photoshop 在后期处理中常用的方法，
达到对效果图的最终优化。

学习要点：

1. Photoshop 图层在后期合成中的运用。

2. Camera RAW 插件在图像综合调节中的
使用方法。

8.1 什么是后期合成

后期合成一般指将录制或渲染完成的影片素材进行再处理加工，使其能完美达到需要的效果。合成的类型包括了静态合成、三维动态特效合成、虚拟和现实的合成等。在室内效果图制作过程中，为了得到更具有审美意义的空间表现，经常会使用 Photoshop 软件对效果图进行处理，即静态合成。

8.2 为什么要进行后期合成

尽管我们在 3ds Max 中已经可以得到较为真实的效果图了，但对于像景深、白平衡、环境光遮蔽等效果来说，在 3ds Max 中进行解决的效率和容错率要远低于在 Photoshop 等后期软件中进行解决。

此外，在 Photoshop 中，也可以配合 VRay 渲染元素中的材质通道和物体通道，快速实现物体颜色的调节和细节叠加，便于局部方案的调整。

8.3 Photoshop 后期合成思路

对于大多数室内效果图来说，在 Photoshop 软件中，对于效果图的处理一般包括纹理细节调整、局部材质颜色调整、反射效果加强、物体转折效果加强、画面明暗调整、对比度调整、白平衡调整等内容。

针对不同的后期处理内容，需使用不同的 Photoshop 工具进行操作，一般对于图面的纹理细节、局部材质颜色、反射效果、物体转折效果的调整使用的工具集中在图层、图层混合、图层蒙版、画笔、移动工具；对图像的明暗、对比度、白平衡的调整一般使用盖印图层、Camera RAW 工具进行调整。

在讲解具体的 Photoshop 后期合成方法之前，需要对 Photoshop 软件的基础知识进行简要讲解。

8.4 Photoshop 基础知识

8.4.1 Photoshop 界面布局

Photoshop CC 2017 版本将软件界面划分为菜单栏、工具栏、选项栏、视图区和面板 5 个部分（图 8-1）。

1. 菜单栏：提供 Photoshop 所有功能。

2. 工具栏：提供 Photoshop 操作时的常用工具。

图 8-1　Photoshop 界面

3. 选项栏：提供工具栏中工具的扩展功能。

4. 视图区：图像预览和编辑区域。

5. 面板：提供如图层、颜色、调整层等具体功能的操作区域。

8.4.2　文件的打开和保存

1. 单个文件载入：使用菜单栏中"文件"→"打开"选项或快捷键"Ctrl+O"可打开单个文件（图 8-2）。

2. 批量载入 VRay 保存的全部图像：

①在 Photoshop 中点击"文件"→"脚本"→"将文件载入堆栈"（图 8-3）。

②在弹出的对话框中点击"浏览"按钮，选择 VRay 保存的图像存储路径。选择需要的图像，按住 Ctrl 键点击鼠标可以加选或减选图像文件。点击打开（图 8-4）。

图 8-2　单个文件载入（左）
图 8-3　批量文件载入 1（中）
图 8-4　批量文件载入 2（右）

图 8-5 批量文件载入 3

③选择完成后点击"确定"按钮，即可将多张图像分层载入同一 Photoshop 文件中（图 8-5）。

3. 文件的保存

使用菜单栏中"文件"→"存储"选项或快捷键"Ctrl+S"可保存 Photoshop 文件。在弹出的保存窗口中，可以选择文件保存类型。一般可以选择 jpeg、bmp 或 png 等图片格式（图 8-6）。

8.4.3 变换

在 Photoshop 中，利用"变换"和"自由变换"命令可以对整个图层、图层中选中的部分区域、多个图层、图层蒙版等进行缩放、旋转、斜切和透视等操作。在编辑图像的过程中，经常需要调整图层的大小、角度，有时也需要对图层的形态精细扭曲、变形。这些操作都可以通过"自由变换"命令来实现。选中需要变换的图层，选择菜单栏中"编辑"→"自由变换"命令，或按"Ctrl+T"组合键应用该命令。此时，对象进入自由变换状态，四周出现定界框。在自由变换状态下配合 Shift 键、Ctrl 键以及鼠标右键即可完成缩放、旋转、斜切、扭曲、透视等变换操作。

图 8-6 文件的保存

8.4.4 图层

1. 什么是图层

图层是 Photoshop 图片处理的核心，因此这个面板会始终出现在我们眼前。图层就像是一张张

图 8-7　图层的概念

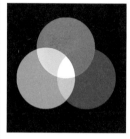

图 8-8　图层混合模式

图 8-9　图层混合模式功能
　　　　位置

大小相同的透明薄膜，覆盖在原始图像上。为了说明图层的原理，我们来打个比方，我们打印出一张照片，在上面盖上一张透明的塑料纸，这张透明的纸就是 Photoshop 中的一个透明图层，我们可以在这张透明的纸上进行涂画或是写上文字，这就像是在 Photoshop 的透明图层上用画笔涂抹或是在文字图层上制作文字，如果我们对结果满意，就可以把透明纸和照片一起装裱起来，如果不满意，我们就可以扔掉这层透明的纸，换一张重新画，我们还可以再覆盖上更多的透明纸或是有内容的纸，这就是 Photoshop 图层的概念。图层面板不仅包括图层，同时也提供了许多其他功能。我们可以使用"混合模式"修改图层的层叠方式，改变图层的"不透明度"，创建一个图层蒙版、图层样式或调整图层等（图 8-7）。

2.图层的功能

对于图层的基础操作，包括新建图层、隐藏图层、锁定图层等。读者可参考 Photoshop 工具书掌握。我们仅对图层的混合模式、调整图层、图层蒙版等作详细讲解。

图层混合模式：图层混合模式是图像处理中的一个技术名词，该应用出现在 Photoshop、AfterEffects、3ds Max 等图像设计制作软件中。其主要功能是使用不同的方法将两个图层之间的图像颜色进行混合（图 8-8）。

在 Photoshop 中，图层混合模式功能位置见图 8-9。不同的图层混合模式有不同的效果。我们可以根据混合效果分为变暗模式、变亮模式、饱和度模式、差集模式、颜色模式五类（图 8-10）。

📖 小贴士：灰色部分是在 32 位模型下无法使用，但在 8 位和 16 位模式下可以使用的混合模式。

● 重要参数解析

线性减淡（添加）模式：用于 3ds Max 渲染元素中的反射、直接光照、全局光照、高光等提供亮度信息的图层进行混合，可以增加效果图的亮度信息（图 8-11）。

图 8-10　图层混合模式分类

图 8-11 线性减淡（添加）
模式

原始效果　　　　　　　VRayReflection 使用线性减淡（添加）叠加后效果

正片叠底：用于对 3ds Max 渲染元素中的阴影、环境光遮蔽等提供阴影细节的图层进行图层混合，可以增加效果图的物体转折细节（图 8-12）。

颜色模式：通过手绘图层，改变效果图的色相、饱和度、颜色、明度等属性（图 8-13）。

图 8-12 正片叠底模式

原始效果　　　　　　　VRayExtraTex 使用正片叠底（50%）叠加后效果

图 8-13 颜色模式

原始效果　　　　　　　手绘颜色层使用颜色（15%）叠加后效果

📖 **小贴士**：

线性减淡（添加）是模拟光的混合方式，可以将图片中较亮的地方保留并与下方图层进行混合，使该区域更亮。物体的表面反射都是较亮的，因此在 VRayReflection 渲染元素中有效信息是亮部区域，故选择该模式进行图层混合。

正片叠底是模拟颜料混合的方式，其计算方式是保留图像深色区域，并与下方图层进行混合，使该区域更暗。物体的转折与阴影有关，因此在 ExtraTex 渲染元素中有效信息是暗部区域，故选择该模式进行图层混合。

当图层混合后效果较为生硬、不自然时，可以通过降低图层不透明度，让反射和转折效果更加自然、真实。

调色层：对于图像的颜色、明暗程度等属性的调节，在一般工作中会使用调色层这一调整方式，其优点是原始图像的数据不会被破坏，可以进行二次调整。

1. 调色层的创建方式

在 Photoshop 图层面板底部，找到"调色层创建"按钮，如图 8-14 所示，可以进行多个调色层的创建，见图 8-15。

图 8-14　调色层创建（左）
图 8-15　调色层类型（右）

2. 常用调整层

色阶：用以改变图像的明暗对比（图 8-16）。

色阶调色层使用方法：

①使用"自动"按钮分析图像信息进行自动调整（图 8-17）。

②使用吸管工具设置图像的黑、灰、白三种颜色进行调节（图 8-18）。

③使用色阶直方图中黑、灰、白三个三角滑块进行调节。黑色三角滑块向左，图像变亮；白色三角滑块向右，图像变暗；灰色三角滑块位置决定暗部和亮度的多少（图 8-19）。

曝光度：用以改变图像的整体亮度（图 8-20）。

曝光度调色层使用方法：

原始效果

色阶调整后效果

图 8-16 色阶调色层

指定黑色 ———
指定灰色 ———
指定白色 ———

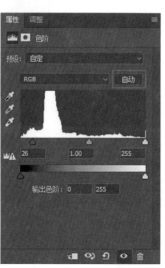

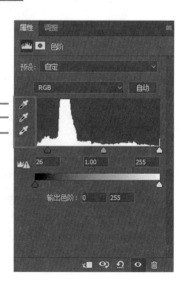

图 8-17 色阶自动调整
（左）
图 8-18 色阶设置黑白灰
三阶（右）

146

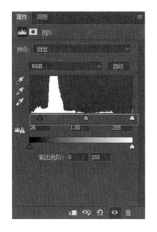  

①使用滑杆进行控制：

曝光度滑杆主要用以调整图像的高光部分。

位移滑杆主要用以调整图像的阴影和灰色部分。

灰度系数校正主要用以调整图像的整体平衡。

②通过曝光度调整参数下方的三个吸管在图像中制订黑、灰、白三个部分的关系。

色相／饱和度：用以改变图像的整体或局部颜色（图 8-21）。

色相／饱和度调色层使用方法：

色相／饱和度的调整主要通过滑杆来实现，也可以在色相、饱和度、明度右侧的数值框中输入数字来进行调节。

①图像整体调节：默认情况下，色相／饱和度的调整是基于图像全部内容的。

②图像局部调节：在全图的下拉菜单中，可以选择针对不同的颜色进行局部调整（图 8-22）。

图层蒙版：图层蒙版是图像处理中最为常用的蒙版，主要用来显示或隐藏图层的部分内容，在编辑的同时保证原图像不会因误操作受到破坏。图层蒙版中的白色区域可以遮盖下面图层中的内容，只显示当前图层中的图像；黑色区域可以遮挡当前图层中的图像，显示出下面图层中的内容；蒙版中的灰色区域会根据其灰度值使当前图层中的图像呈现出不同程度的透明效果。

创建图层蒙版：选择要添加图层蒙版的图层，然后在"图层"面板中单击"添加图层蒙版"按钮，见图 8-23，可以在当前图层添加一个图层蒙版。

如果当前图像存在选区，可以基于当前选区为图像添加图层蒙版，选区以外的图像将被蒙版隐藏，见图 8-24。

图 8-19　色阶直方图滑块（左）

图 8-20　曝光度调色层（中）

图 8-21　色相／饱和度调色层（右）

图 8-22　色相/饱和度图像局部调节

图 8-23　添加图层蒙版

此外，对图层蒙版还可以进行停用、启用、删除等基本操作。

实例：利用图层蒙版做人物倒影

制作步骤：

1. 新建一空白图像文件，用"渐变"工具做一个简单背景，打开文件"场景文件 \ 第 8 章 \ 人物 .psd"，用"移动"命令将人物移动至新建图像文件中，并对人物图层做适当的缩放和移动调整，结果见图 8-25。

2. "Ctrl+J"复制人物图层，"Ctrl+T"自由变换状态下鼠标右键垂直翻转倒影层，移动倒影层至合适位置，并做适当变形修改，见图 8-26。

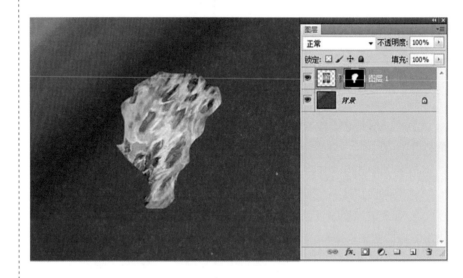

图 8-24　图层蒙版效果

图 8-25　图层蒙版做人物
倒影 1

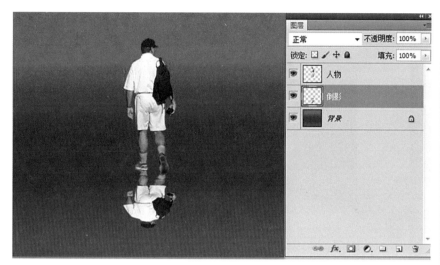

图 8-26　图层蒙版做人物
　　　　倒影 2

3．为倒影层添加图层蒙版，然后用黑白线性渐变修改蒙版，最后调节倒影层的透明属性，效果见图 8-27。

图 8-27　图层蒙版做人物
　　　　倒影 3

8.5　Camera RAW 工具介绍

8.5.1　Camera RAW 界面

Camera RAW 是内置于 Photoshop 中的一个插件，可以对图像进行总体综合性调节。使用快捷键"Ctrl+Shift+A"可以快速调用 Camera RAW 工具（图 8-28）。

图 8-28 Camera RAW
界面

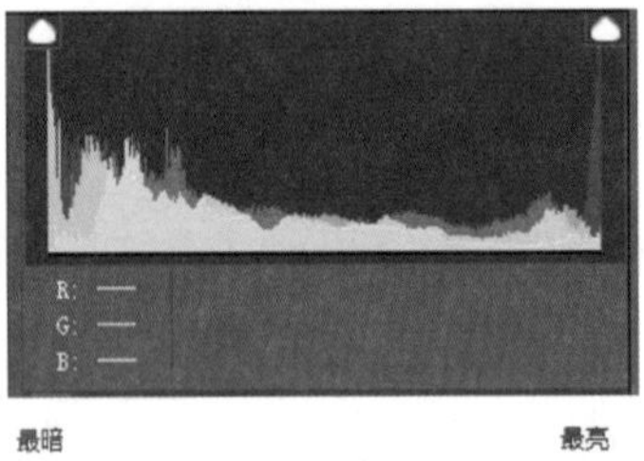

图 8-29 直方图（左）
图 8-30 快捷工具栏（右）

图 8-31 导航栏 1（左）
图 8-32 导航栏 2（右）

图 8-33 参数调整面板

直方图：提供图像 RGB 三种颜色的数据化显示，在实际使用中可以通过直方图所提供的数据准确地了解图像的亮度，避免人眼观测图像中出现的色差等问题（图 8-29）。

快捷工具栏：提供在 Camera 中常见工具（图 8-30）。

视图区：提供调整后画面效果预览。

导航栏：控制图像缩放比例，见图 8-31，以及和原图对比的操作，见图 8-32。

参数调整面板：控制 Camera RAW 各功能的具体参数（图 8-33）。其各选项卡的具体功能和作用见图 8-34。

8.5.2 Camera RAW 常用功能

Camera RAW 的功能非常强大，由于篇幅所限，本节只讲解其在室内效果图后期合成中较为常用的功能。

● 基本选项卡

（1）色温：用于调节图像白平衡，有滑杆和数值参数两种控制方式，见图 8-35。滑杆向左或数值为负值时，图像颜色偏冷；反之，图像颜色偏暖，见图 8-36。

（2）色调：与色温类似，有滑杆和数值参数两种控制方式，见图 8-37。滑杆向左或数值为负值时，图像颜色笼罩一层绿色；反之，图像颜色笼罩一层紫色，见图 8-38。

（3）自动白平衡：在 Camera RAW 中除了可以手动调节白平衡之外，还可以使用白平衡下拉菜单中的"自动"选项进行自动白平衡调整（图 8-39）。

（4）图像亮度调节：提供了包括曝光、对比度、高光、阴影、白色、黑色等控制滑杆和数值参数。其具体功能见图 8-40。

图 8-34　参数调节选项卡

图 8-35　色温参数

图 8-36　色温参数效果

图 8-37　色调参数

图 8-38　色调参数效果

图 8-39　自动白平衡效果

图 8-40 图像亮度调节参数

①曝光：滑杆向左或数值为负值时，图像整体变暗；反之，图像整体变亮，见图 8-41。

②对比度：滑杆向左或数值为负值时，图像对比度减弱，图像整体变灰；反之，图像对比度增强，见图 8-42。

图 8-41 曝光参数

图 8-42 对比度参数

③高光：滑杆向左或数值为负值时，图像高光区域亮度减弱；反之，图像高光区域亮度增强，见图 8-43。

④阴影：滑杆向左或数值为负值时，图像阴影区域亮度减弱；反之，图像阴影区域亮度增强，见图 8-44。

⑤白色：滑杆向左或数值为负值时，图像白色区域亮度减弱；反之，图像白色区域亮度增强，见图 8-45。

图 8-43 高光参数

图 8-44 阴影参数

图 8-45　白色参数

图 8-46　黑色参数

⑥黑色：滑杆向左或数值为负值时，图像黑色区域亮度减弱；反之，图像黑色区域亮度增强，见图 8-46。

📖 **小贴士**：高光／阴影参数和白色／黑色参数效果比较类似，但是白色／黑色调节时对于图像中的灰色部分影响更大。

（5）清晰度：在不改变图像整体画面的基础上增强图像细节的对比度和锐度。滑杆向左或数值为负值时，图像细节减少；反之，图像细节增加，见图 8-47。

（6）自然饱和度：智能提高画面中比较柔和的颜色的饱和度，而保持原本高饱和度的颜色的饱和度。滑杆向左或数值为负值时，饱和度降低；反之，饱和度增高，见图 8-48。

图 8-47　清晰度参数

图 8-48　自然饱和度参数

（7）饱和度：滑杆向左或数值为负值时，图像整体饱和度降低；反之，图像整体饱和度增高，见图8-49。

图8-49　饱和度参数

📖 **小贴士**：自然饱和度和饱和度的概念比较类似，但是自然饱和度调整的效果相对柔和，其具体差别见图8-50。

图8-50　自然饱和度和饱和度效果对比

自然饱和度：-100　　　　　　　　　饱和度：-100

图8-51　案例练习白平衡参数设置

图8-52　案例练习曝光、对比度、高光、阴影、白色、黑色参数设置

图8-53　案例练习清晰度、自然饱和度参数设置

8.5.3　Camera RAW 案例练习

一、制作思路分析

使用Camera RAW工具，对图像的白平衡、亮度、对比度等进行调节。

二、制作步骤

1.打开配套光盘中的"场景文件＼第8章＼Camera Raw练习素材.jpg"文件。

2.快捷键"Ctrl+Shift+A"调用Camera RAW工具。

3.使用"白平衡"→"自动白平衡"功能，将墙面颜色设置为白色。参数见图8-51。

4.使用曝光、对比度、高光、阴影、白色、黑色等控制项，调节画面明暗关系。参数见图8-52。

5.使用清晰度增加图像细节；使用自然饱和度，提升画面饱和度。参数见图8-53。原图、调整后图像对比见图8-54。

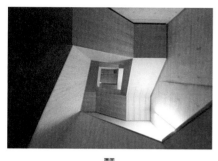
原图

调整后

图 8-54　案例练习效果

8.6　Photoshop 综合练习

一、制作思路分析

通过叠加 AO（Ambient Occlusion）图、Light（直接光照）、Reflection（反射光照）丰富图像光影效果。使用 ZDepth（景深）图模拟镜头景深效果。使用 Camera Raw 进行最终合成调色。

二、制作步骤

1. 通过 Photoshop 文件堆栈工具，将 VRay 渲染出的所有图形导入到 Photoshop 中。文件地址："场景文件 \ 第 8 章 \photoshop 综合练习"（图 8-55）。

2. 在图层面板中将 VRayDenoiser.hdr 图层移动到最下方，其他图层暂时隐藏（图 8-56）。

3. 叠加 AO 信息，增加图像的转折细节（图 8-57）。

（1）选择 VRayExtraTex_ 贴图 _#287.hdr 通道,将其混合模式改为"正片叠底"。

（2）设置图层不透明度为 40%。

二维码 8-1
Photoshop 综合练习

图 8-55　综合练习图层排序（左）
图 8-56　隐藏其他图层（右）

图 8-57 增加图像的转折
细节（左）

图 8-58 增加灯光亮度细
节（右）

4. 增加灯光亮度细节（图 8-58）。

（1）选择 VRayLighting.hdr 图层，将其混合模式改为"正片叠底"。

（2）设置图层不透明度为 40%。

5. 叠加 VRayReflection.hdr 图层，丰富反射细节（图 8-59）。

（1）选择 VRayReflection.hdr 图层，将其混合模式改为"线性减淡
（添加）"。

（2）设置图层不透明度为 20%。

6. 盖印图层

（1）选择所有图层（图 8-60）。

图 8-59 丰富反射细节
（左）

图 8-60 盖印图层 1（中）

图 8-61 盖印图层 2（右）

（2）使用快捷键"Ctrl+Alt+E"，盖印图层（图 8-61）。

7. 将文件转化为 16 位颜色模式。选择"图像"菜单→"模式"→"16
位 / 通道（N）"功能（图 8-62）。选择"不合并"（图 8-63）。

8．制作景深效果

（1）选中 1.VRayZDepth.hdr 图层，按住 Ctrl 键鼠标左键单击图层缩略图（图 8-64），选中该图层中所有内容（图 8-65）。

（2）使用"Ctrl+C"复制图层所有内容。

（3）选择盖印出的新建图层 1.VRayExtraTex_ 贴图 _#287.hdr，点击图层面板下方的添加矢量蒙版工具（图 8-66）。

图 8-62　颜色模式转换 1（左）

图 8-63　颜色模式转换 2（右上）

图 8-64　景深效果 1（右下）

图 8-65　景深效果 2（左）

图 8-66　景深效果 3（右）

图 8-67 景深效果 4（左上）

图 8-68 景深效果 5（右）

图 8-69 景深效果 6（左下）

（4）按住 Alt 键，点击新建图层蒙版缩略图（图 8-67）。

（5）在弹出的窗口中按"Ctrl+V"，将 1.VRayZDepth.hdr 图层信息复制到图层蒙版中（图 8-68）。

（6）在图层蒙版缩略图上右键单击，停用图层蒙版（图 8-69）。

（7）选择 1.VRayExtraTex_贴图_#287.hdr，在"滤镜"菜单→"模糊"→"镜头模糊"，打开镜头模糊滤镜（图 8-70）。

（8）在弹出的"镜头模糊"窗口中，设置"深度映射"→"源为图层蒙版"，设置半径为 30，在左侧预览图中用鼠标左键单击指定需要对焦的区域（图 8-71）。

9. 选择盖印出的新建图层 1.VRayExtraTex_贴图_#287.hdr，通过"Ctrl+Shift+A"调用 Camera Raw 工具。

图 8-70 景深效果 7（左）

图 8-71 景深效果 8（右）

10. 使用工具栏中的"白平衡"工具，在白色水壶图形上左键单击，设置整个画面的白平衡（图 8-72）。

11. 在基本选项卡中设置对比度：+8，高光：+10，白色：+8，清晰度：+7，自然饱和度：+7（图 8-73）。

12. 在镜头校正选项卡中，设置晕影数量为 -8（图 8-74）。

13. 最终调节后效果见图 8-75，与原图对比见图 8-76。

图 8-72　Camera Raw调整白平衡

图 8-73　Camera Raw调整基本参数

图 8-74　Camera Raw 调整镜头校正

图 8-75　后期效果图

图 8-76　原效果图

本章小结

  本章通过讲述后期合成的几个典型效果，提示在效果图制作中，后期合成是非常重要的。前期灯光、材质把握不到位的地方，都可以通过后期合成来弥补校正，增加画面细节。后期合成最重要的不是使用工具，是要真正能体会到画面中的缺失，对于画面的艺术效果有一个更高层次的定位，是对人的艺术感觉深层挖掘的过程。

参考文献

[1] 张春庆，李晓辉. 3ds Max 室内外效果图制作——3ds Max+V-Ray 效果图设计解决策略 [M]. 北京：中国建材工业出版社，2013.

[2] 时代印象，任媛媛. 3ds Max 2014/VRay 中文版效果图制作完全自学宝典 [M]. 北京：中国工信出版集团，人民邮电出版社，2018.

[3] AUTODESK 3DS MAX 2017 官方帮助文档 [EB/OL]. [2019-08-01]. http://help.autodesk.com/view/3DSMAX/2017/CHS/.

[4] Vray 3.6 for 3ds Max 2017 官方帮助文档 [EB/OL]. [2019-08-01]. https://docs.chaosgroup.com/display/VRAY4MAX/.

图书在版编目（CIP）数据

建筑室内电脑效果图 / 杜彦主编 . —北京：中国建筑工业出版社，2021.5

住房和城乡建设部"十四五"规划教材　全国住房和城乡建设职业教育教学指导委员会建筑与规划类专业指导委员会规划推荐教材　高等职业教育建筑与规划类"十四五"数字化新形态教材

ISBN 978-7-112-26195-6

Ⅰ.①建…　Ⅱ.①杜…　Ⅲ.①室内装饰设计—计算机辅助设计—应用软件—高等职业教育—教材　Ⅳ.① TU238.2-39

中国版本图书馆 CIP 数据核字（2021）第 101980 号

本书以建筑室内电脑效果图初级入门者为主要对象，实例丰富，内容详尽，对常用工具、命令、参数等作细致介绍；注重学习规律，采用"知识点＋理论实践＋实例练习＋技术拓展＋技巧提示"模式。本书主要内容包括建筑室内电脑效果图概念介绍、3ds Max 基本操作、基础建模技术、室内效果图材质技术、摄影机、室内布光技术、VRay 渲染技术和效果图后期合成。

本书适用于高等职业院校建筑室内设计、建筑装饰工程技术等专业及相关专业，也可供建筑室内电脑效果图爱好者使用。

为更好地支持本课程的教学，我们向使用本书的教师免费提供教学课件，有需要者请与出版社联系，邮箱：jckj@cabp.com.cn，电话：（010）58337285，建工书院 http://edu.cabplink.com。

责任编辑：杨　虹　周　觅
书籍设计：康　羽
责任校对：李美娜

住房和城乡建设部"十四五"规划教材
全国住房和城乡建设职业教育教学指导委员会
建筑与规划类专业指导委员会规划推荐教材
高等职业教育建筑与规划类"十四五"数字化新形态教材
建筑室内电脑效果图
主　编　杜　彦
主　审　孙耀龙
*
中国建筑工业出版社出版、发行（北京海淀三里河路9号）
各地新华书店、建筑书店经销
北京雅盈中佳图文设计公司制版
北京市密东印刷有限公司印刷
*
开本：787 毫米 ×1092 毫米　1/16　印张：$10^3/_4$　字数：194 千字
2023 年 3 月第一版　2023 年 3 月第一次印刷
定价：**48.00** 元（赠教师课件）
ISBN 978-7-112-26195-6
（37785）